网络空间安全重点规划丛书

日志审计与分析

杨东晓 张锋 朱保健 魏昕 编著

清华大学出版社

北京

内 容 简 介

本书共分为 7 章,分别介绍了日志、日志审计和日志收集与分析系统的相关基础知识,日志收集阶段的对象和方式,日志存储阶段的存储策略和方法,事件过滤和归一化使用的方法及效果,关联分析中的实时关联分析、事件关联分析、告警响应分析和实时统计分析,查询与报表等日志的处理方式,最后结合具体案例对背景需求和解决方案进行了讨论和解读,帮助读者更好地掌握日志审计与分析。

本书每章后均附有思考题总结本章知识点,以便为读者进一步阅读提供思路。

本书由奇安信集团针对高校网络空间安全专业的教学规划组织编写,既适合作为网络空间安全、信息安全等相关专业的教材,也适合负责网络安全运维的网络管理人员和对网络空间安全感兴趣的读者作为基础读物。

图书在版编目(CIP)数据

日志审计与分析/杨东晓等编著. —北京:清华大学出版社,2019(2024.2重印)
(网络空间安全重点规划丛书)
ISBN 978-7-302-51744-3

Ⅰ. ①日… Ⅱ. ①杨… Ⅲ. ①计算机网络管理—教材 Ⅳ. ①TP393.07

中国版本图书馆 CIP 数据核字(2018)第 271370 号

责任编辑:张 民 常建丽
封面设计:常雪影
责任校对:时翠兰
责任印制:沈 露

出版发行:清华大学出版社
   网 址:https://www.tup.com.cn,https://www.wqxuetang.com
   地 址:北京清华大学学研大厦 A 座   邮 编:100084
   社 总 机:010-83470000   邮 购:010-62786544
   投稿与读者服务:010-62776969, c-service@tup.tsinghua.edu.cn
   质量反馈:010-62772015, zhiliang@tup.tsinghua.edu.cn
   课件下载:https://www.tup.com.cn,010-83470236
印 刷 者:三河市人民印务有限公司
经 销:全国新华书店
开 本:185mm×260mm   印 张:8.5   字 数:189 千字
版 次:2019 年 2 月第 1 版   印 次:2024 年 2 月第 8 次印刷
定 价:29.00 元

产品编号:080633-01

网络空间安全重点规划丛书

编审委员会

出版说明

    21世纪是信息时代,信息已成为社会发展的重要战略资源,社会的信息化已成为当今世界发展的潮流和核心,而信息安全在信息社会中将扮演极为重要的角色,它会直接关系到国家安全、企业经营和人们的日常生活。随着信息安全产业的快速发展,全球对信息安全人才的需求量不断增加,但我国目前信息安全人才极度匮乏,远远不能满足金融、商业、公安、军事和政府等部门的需求。要解决供需矛盾,必须加快信息安全人才的培养,以满足社会对信息安全人才的需求。为此,教育部继2001年批准在武汉大学开设信息安全本科专业之后,又批准了多所高等院校设立信息安全本科专业,而且许多高校和科研院所已设立了信息安全方向的具有硕士和博士学位授予权的学科点。

    信息安全是计算机、通信、物理、数学等领域的交叉学科,对于这一新兴学科的培养模式和课程设置,各高校普遍缺乏经验,因此中国计算机学会教育专业委员会和清华大学出版社联合主办了"信息安全专业教育教学研讨会"等一系列研讨活动,并成立了"高等院校信息安全专业系列教材"编审委员会,由我国信息安全领域著名专家肖国镇教授担任编委会主任,指导"高等院校信息安全专业系列教材"的编写工作。编委会本着研究先行的指导原则,认真研讨国内外高等院校信息安全专业的教学体系和课程设置,进行了大量具有前瞻性的研究工作,而且这种研究工作将随着我国信息安全专业的发展不断深入。系列教材的作者都是既在本专业领域有深厚的学术造诣,又在教学第一线有丰富的教学经验的学者、专家。

    该系列教材是我国第一套专门针对信息安全专业的教材,其特点是:

    ① 体系完整、结构合理、内容先进。

    ② 适应面广:能够满足信息安全、计算机、通信工程等相关专业对信息安全领域课程的教材要求。

    ③ 立体配套:除主教材外,还配有多媒体电子教案、习题与实验指导等。

    ④ 版本更新及时,紧跟科学技术的新发展。

    在全力做好本版教材,满足学生用书的基础上,还经由专家的推荐和审定,遴选了一批国外信息安全领域优秀的教材加入系列教材中,以进一步满足大家对外版书的需求。"高等院校信息安全专业系列教材"已于2006年年初正式列入普通高等教育"十一五"国家级教材规划。

2007 年 6 月,教育部高等学校信息安全类专业教学指导委员会成立大会暨第一次会议在北京胜利召开。本次会议由教育部高等学校信息安全类专业教学指导委员会主任单位北京工业大学和北京电子科技学院主办,清华大学出版社协办。教育部高等学校信息安全类专业教学指导委员会的成立对我国信息安全专业的发展起到重要的指导和推动作用。2006 年,教育部给武汉大学下达了"信息安全专业指导性专业规范研制"的教学科研项目。2007 年起,该项目由教育部高等学校信息安全类专业教学指导委员会组织实施。在高教司和教指委的指导下,项目组团结一致,努力工作,克服困难,历时 5 年,制定出我国第一个信息安全专业指导性专业规范,于 2012 年年底通过经教育部高等教育司理工科教育处授权组织的专家组评审,并且已经得到武汉大学等许多高校的实际使用。2013 年,新一届教育部高等学校信息安全专业教学指导委员会成立。经组织审查和研究决定,2014 年以教育部高等学校信息安全专业教学指导委员会的名义正式发布《高等学校信息安全专业指导性专业规范》(由清华大学出版社正式出版)。

2015 年 6 月,国务院学位委员会、教育部出台增设"网络空间安全"为一级学科的决定,将高校培养网络空间安全人才提到新的高度。2016 年 6 月,中央网络安全和信息化领导小组办公室(下文简称中央网信办)、国家发展和改革委员会、教育部、科学技术部、工业和信息化部及人力资源和社会保障部六大部门联合发布《关于加强网络安全学科建设和人才培养的意见》(中网办发文〔2016〕4 号)。2019 年 6 月,教育部高等学校网络空间安全专业教学指导委员会召开成立大会。为贯彻落实《关于加强网络安全学科建设和人才培养的意见》,进一步深化高等教育教学改革,促进网络安全学科专业建设和人才培养,促进网络空间安全相关核心课程和教材建设,在教育部高等学校网络空间安全专业教学指导委员会和中央网信办资助的网络空间安全教材建设课题组的指导下,启动了"网络空间安全重点规划丛书"的工作,由教育部高等学校网络空间安全专业教学指导委员会秘书长封化民教授担任编委会主任。本规划丛书基于"高等院校信息安全专业系列教材"坚实的工作基础和成果、阵容强大的编审委员会和优秀的作者队伍,目前已经有多本图书获得教育部和中央网信办等机构评选的"普通高等教育本科国家级规划教材""普通高等教育精品教材""中国大学出版社图书奖"和"国家网络安全优秀教材奖"等多个奖项。

"网络空间安全重点规划丛书"将根据《高等学校信息安全专业指导性专业规范》(及后续版本)和相关教材建设课题组的研究成果不断更新和扩展,进一步体现科学性、系统性和新颖性,及时反映教学改革和课程建设的新成果,并随着我国网络空间安全学科的发展不断完善,力争为我国网络空间安全相关学科专业的本科和研究生教材建设、学术出版与人才培养做出更大的贡献。

我们的 E-mail 地址是: zhangm@tup. tsinghua. edu. cn,联系人:张民。

"网络空间安全重点规划丛书"编审委员会

前 言

没有网络安全,就没有国家安全;没有网络安全人才,就没有网络安全。

从更多、更快、更好地培养网络安全人才出发,如今,许多学校都在下大工夫、花大本钱,聘请优秀老师,招收优秀学生,着力培养一流的网络安全人才。

网络空间安全专业建设需要体系化的培养方案、系统化的专业教材和专业化的师资队伍。优秀教材是网络空间安全专业人才的关键。但是,这是一项十分艰巨的任务。原因有二:其一,网络空间安全的涉及面非常广,至少包括密码学、数学、计算机、操作系统、通信工程、信息工程、数据库、硬件等多门学科。因此,其知识体系庞杂、难以梳理;其二,网络空间安全的实践性很强,技术发展更新非常快,对环境和师资要求也很高。

"日志审计与分析"是网络空间安全和信息安全专业的基础课程,通过日志各知识点的介绍掌握日志审计与分析。本书涉及的知识面宽,共分为7章。

第1章介绍日志基本知识,第2章介绍日志收集,第3章介绍事件归一化,第4章介绍日志存储,第5章介绍关联分析,第6章介绍查询与报表,第7章介绍典型案例。

本书既可作为网络空间安全、信息安全等相关专业的教材和参考资料,也可作为网络安全研究人员的入门基础读物。随着新技术的不断发展,今后将不断更新本书中的内容。

在本书的编写过程中,得到了奇安信集团的裴智勇、翟胜军、杨进国,北京邮电大学雷敏等专家、学者的鼎力支持,在此对他们的工作表示衷心感谢!

由于作者水平有限,书中难免存在疏漏和不妥之处,欢迎读者批评指正。

作 者
2018 年 12 月

目 录

第1章

日志基本知识

日志(log)是由各种不同的实体产生的"事件记录"的集合。日志记录是将事件记录收集到日志中的行为,主要分为安全日志记录、运营日志记录、依从性日志记录和应用程序调试日志记录4种基本类型。日志详细记录了谁在什么时间对某个对象进行了何种操作所产生的变化。

日志可以帮助系统进行排错和优化。在安全领域,日志可以用于故障检测和入侵检测,反映安全攻击行为,如登录错误、异常访问等。日志不仅是在事故发生后查明"发生了什么"的一个很好的"取证"信息来源,还可以为审计进行跟踪。此外,安全管理人员可以根据网络安全日志进行安全追踪和溯源,并进行调查取证,从而实现设备的安全运营。其主要作用有以下3个。

(1) 根据网络安全日志可以安全追踪和溯源。

(2) 根据日志原始记录信息进行调查取证。

(3) 根据运维日志实现设备安全运维。

本章主要介绍日志的基础知识。通过本章的学习,理解日志设备产生的原因、日志管理设备的定义、日志审计的基本概念和相关的法律法规、日志收集与分析系统的基本概念以及日志全生命周期的管理。

1.1 日志概述

1.1.1 日志设备产生的原因

随着网络规模的不断扩大,网络中的设备数量和服务类型越来越多,这给系统的安全性和稳定性带来了各种挑战。因此,急需对系统中硬件、软件、系统数据的增、删、改、查以及对系统问题进行记录,从而可以有效地掌握系统安全状况和运行情况,及时发现系统异常并快速定位、解决问题、补救损失。与此同时,长期以来,各种安全事件呈几何级增长,来自外部的攻击入侵事件频发,而且这些安全事件呈现出"组织性""针对性"和"目的性"等特点,给公民的财产造成巨大损失,给人们的日常工作和生活带来极大威胁。因此,要及时发现这些异常并进行防范或者在发生网络入侵之后使损失最小化,就需要对网络中的各种事件信息进行记录和分析。

日志通常是计算机系统、设备、软件等在某种情况下记录的信息,它可以记录系统产生的所有行为并按照某种规范将这些行为表达出来。这些信息可以帮助系统排错、优化系统的性能,管理者还可以根据这些信息调整系统的行为。在安全领域,日志主要用于描述网络中所发生事件的信息,包括性能信息、故障检测和入侵检测,这些信息可以反映出很多安全攻击行为,如登录错误、异常访问等。日志是在事故发生后查明"发生了什么"的一个很好的"取证"信息来源。

日志在维护系统稳定性和安全防护方面都起到了非常重要的作用,由此,对日志进行专门记录和管理的设备应运而生,各种不同的网络设备、复杂的应用系统以及数据库等每天都会以各自的标准记录大量相关的日志。这些日志可以通过专门的管理设备进行管理,这些设备称为日志管理设备。

1.1.2 日志管理设备的定义

日志设备是指产生"事件记录"的各种设备,包括网络设备、计算机系统、数据库或者应用程序等。企业信息系统中会包含多种日志设备,如路由器、防火墙、入侵检测系统/入侵防御系统(Intrusion Detection System/Intrusion Protection System,IDS/IPS)、交换机、服务器和数据库等。以下对常见的日志设备进行简要介绍,详细内容将在第 2 章展开介绍。

网络设备及部件是连接到网络中的物理实体。网络设备的种类繁多,且与日俱增。基本的网络设备有:计算机(无论其为个人计算机或服务器)、集线器、交换机、网桥、路由器、网关、网络接口卡(Network Interface Card,NIC)、无线接入点(Wireless Access Point,WAP)、打印机和调制解调器、光纤收发器、光缆等。

计算机系统由计算机硬件和软件两部分组成。硬件包括中央处理器、存储器和外部设备等;软件是计算机的运行程序和相应的文档。计算机系统具有接收和存储信息、按程序快速计算和判断并输出处理结果等功能。常见的系统有 Windows、Linux 等。

数据库(database)是建立在计算机存储设备上的按照数据结构组织、存储和管理数据的仓库,用户可以对文件中的数据进行新增、截取、更新、删除等操作。

应用程序指为完成某项或多项特定工作的计算机程序。

由于日志的种类很多,生成日志的设备多种多样,所以很难定义单一的标准用于日志记录。通常,日志设备记录的日志应该包含如下基本信息。

- 对事件内容辅以适当的细节。
- 事件发生的开始时间和结束时间。
- 事件发生的位置(哪个主机、什么文件系统、哪个网络接口等)。
- 参与者。
- 参与者来源。

日志设备还可以记录其他更多与事件相关的详细信息。

传统的日志能够反映出系统运行的状态变化,同时能够对端口扫描、口令破解等安全事件进行记录。现有的部分安全产品能够将多条日志进行关联分析,从而得到安全事件。由于日志能够对系统运行中的特定活动进行记录,系统管理人员和安全分析者从日志分析和系统安全的角度出发,可归纳出日志具有以下特点。

(1) 日志格式具有多样性。

目前国际上尚未制定出统一的日志格式标准,不同厂商根据自身需求制定相应的日志格式,故市场上出现了多种类型的日志。

(2) 日志数据量很大。

由于日志对每一个事件均进行记录,因此,无论是操作系统,还是网络设备都会产生大量的日志记录,大型企业的防火墙、IDS 等设备每天可产生多达数十 G 的日志文件。

(3) 网络设备日志具有时空关联性。

针对某个特定的网络攻击事件,不同的安全设备通常都会进行记录。例如,一个分布式拒绝服务(Distributed Denial of Service,DDoS)攻击会同时在防火墙和 IDS 日志中留下痕迹。因此,结合多个设备日志,采用数据挖掘算法找出日志之间的时空关联性,有助于提取出网络安全事件。

(4) 日志信息容易被篡改。

计算机系统和相关设备的日志是以文本的形式存储的,并且没有对日志进行有效的保护,网络入侵者可能对日志信息进行篡改或直接删除,因此存在较大的安全隐患。

(5) 分析和获取日志数据困难。

不同设备的日志格式差异很大,部分设备日志信息需要专用的工具才能查看,给日志的分析带来了很大困难。

基于上述日志的特点,需要通过专门的管理设备对日志进行管理,从而实现对日志信息的实时监控和审计整个系统的运行状况,这些设备称为日志管理设备。日志管理设备是对全网范围内的主机、服务器、网络设备、数据库以及各种应用服务系统等产生的日志进行全面收集、实现日志的集中管理和存储并进行细致分析的设备,支持解析任意格式、任意来源的日志。

1.1.3　日志的作用

1. 安全日志审计:网络追踪溯源

网络追踪溯源是指确定网络攻击者身份或位置及其中间介质的过程。身份指攻击者名字、账号或与之有关系的类似信息;位置包括其地理位置或虚拟地址,如 IP 地址、MAC 地址等。追踪溯源过程还能够提供其他辅助信息,如攻击路径和攻击时序等。网络管理者可使用追踪溯源技术定位真正的攻击源,以采取多种安全策略和手段,从源头抑制,防止网络攻击带来更大的破坏,并记录攻击过程,为司法取证提供必要的信息支撑。在网络中应用追踪溯源可以:

- 确定攻击源,制定实施针对性的防御策略。
- 确定攻击源,采取拦截、隔离等手段,减轻损害,保证网络平稳健康地运行。
- 确定攻击源,记录攻击过程,为司法取证提供有力证据。

网络管理人员采用网络追踪溯源技术,调取并分析事件发生前后一段时间的日志,可以发现攻击者的一系列行为及其攻击手段。调取的日志内容包含所发生问题的认证日志、服务器操作日志、攻击事件日志等与安全相关的日志。

2. 运维日志：安全运维

运维日志分析是企业网络运维管理的核心部分。通过运维通道集中、网络运维日志详细记录，可合理安排网络运维工作，实现运维人员工作的量化管理，提高运维管理要求落地的自动化水平和强制化能力。

(1) 运维故障回溯。日志集中管理系统及审计系统详细记录了运维人员的日常运维操作，可通过操作命令回放方式实现日常运维操作重现。对于人为操作故障，通过日志回放分析，可进行操作追溯，定位故障原因。

(2) 运维经验固化。通过日志集中管理及审计系统记录的运维操作指令流，可完整模拟日常运维操作。对于典型维护操作场景，可将回放作为某类设备配置参考，将优秀运维人员的维护经验固化，全网推广。对于例行维护操作，可通过日志分析"提取→固定→自动化"进一步提高效率。还可将固化的典型维护操作作为新员工培训教材，实现运维知识的有效传递。

(3) 运维工作量化。对于指令标准化程度高的网元，通过对日志以时间、网元、账号等维度的分析，可有效衡量运维人员的日常工作量，解决运维工作难以量化的问题。

(4) 运维要求核查。网络运维中很重要的一项工作是操作维护作业计划。但在实际管理中，虽然可查看操作维护记录，但对操作人员是否执行相关维护作业计划、执行结果如何，却缺乏有效的核查手段。通过日志集中管理及审计系统记录的操作记录，可对维护作业计划的执行时间、频次、结果进行有效的核查。

(5) 合理安排运维工作。根据日志系统统计的运维人员工作量，合理安排维护人员维护网元数量。

3. 合规类日志：调查取证

取证是在事件发生后重建"发生了什么"情景的过程。这种描述往往基于不完整的信息，而信息可信度是至关重要的。日志是取证过程中不可或缺的组成部分。

日志一经记录，就不会因为系统的正常使用而被修改，这意味着这是一种"永久性"的记录。因此，日志可以为系统中其他可能更容易被更改或破坏的数据提供准确的补充。

每条日志中通常都有时间戳，提供每个事件的时间顺序。而且，日志通常会被及时发送到另一台主机(通常是一个集中日志收集器)，这也提供了独立于原始来源的一个证据来源。如果原始来源上信息的准确性遭到质疑(例如，入侵者篡改或者删除了日志)，独立的信息源可能被认为是更可靠的附加来源。同样，不同来源甚至不同站点的日志可以佐证其他证据，提高每个源的准确性。

日志有助于加强收集到的其他证据。重现事件往往不是基于一部分信息或者单个信息源，而是基于来自各种来源的数据，包括文件和各子系统上的时间戳、用户的命令历史记录、网络数据和日志。

通过日志审计，协助系统管理员在受到攻击，或者发生重大安全事件后查看网络日志,从而评估网络配置的合理性、安全策略的有效性,追溯分析安全攻击轨迹,并能为实时防御提供手段。通过对人员的网络行为审计,确认其行为的合规性,确保上网行为管理的安全。

1.2　日志审计

1.2.1　信息系统审计概念

信息系统审计的发展是随着审计理论和计算机理论的不断完善而发展起来的,其发展过程大致可分为起步阶段、快速发展阶段、成熟阶段和普及阶段。

1. 1960—1970 年:信息系统审计的起步阶段

这一时期,随着计算机在各个行业的广泛运用,会计操作也从纸质凭证向电子化发展,审计人员开始意识到计算机环境下开展审计业务的优势,逐渐形成了信息系统审计。但总的来说,这一时期信息系统审计还仅处于新生阶段,专业人员对信息系统审计的认识比较匮乏。

2. 1970—1980 年:信息系统审计的快速发展阶段

这一时期,计算机技术和审计理论进一步发展,计算机在各个行业、各种业务中得到更广泛的运用,计算机数据处理方法和管理信息系统也被越来越多的人认可,信息系统理论和实务方面都得到了很大的进步。在实践中,计算机辅助审计的作用也日益突出,信息系统审计进入发展阶段。

3. 1980—1990 年:信息系统审计的成熟阶段

随着计算机技术的日益完善,在审计过程中大规模地运用计算机技术也不再罕见,然而,计算机技术在带给审计人员便利的同时,也带来很多计算机犯罪案件。这使得审计部门意识到信息系统防范体系还不够成熟,人们逐渐意识到信息系统审计的重要性。1981年,美国电子数据处理协会开始组织注册信息系统审计师执业考试,这一考试的出现标志着信息系统审计步入成熟阶段。同一时期,日本先后派遣学者前往美国学习信息系统审计理论和实务,于 1985 年也出台了《系统审计标准》,并开展“系统审计师”考试,这标志亚洲信息系统审计也步入了成熟阶段。

4. 1990 年以后:信息系统审计的普及阶段

这一时期,信息技术进入大爆炸时期,信息系统的发展呈现出其特有的复杂化和网络化的特征。信息系统审计在很多发达国家已经进入普及阶段。1994 年,电子数据处理审计师协会顺应时代发展的脚步,更名为信息系统审计与控制协会,从此,该协会也成为审计工作者从事信息系统审计的唯一国际组织。尽管信息系统审计已经进入普及期,但是我们也不难看出信息系统审计还存在很多不足,特别是在外界环境不断变化的大数据时代,需要更多专业的审计人员为信息系统审计而努力,让信息系统审计不断优化。

信息系统审计逐渐得到越来越多的国家和部门的重视,是因为有其存在的必要性。具体来说:首先,信息系统审计是公司治理的重要举措。在计算机技术发展刚刚开始的阶段,信息系统只是作为一种后台支撑的技术手段而存在。但是,随着计算机水平的不断提高,信息系统已经逐渐转变其功能,成为各个企业之间竞争的重要筹码。因此,信息系统审计就显得格外重要,对信息系统进行审计可以确保被审计单位信息系统得到高效运转,并根据审计结果为管理层提出相应的改进措施,促进企业不断提高其竞争力,实现利润最大化。其次,信息系统审计是保证企业信息化发展的必然选择。随着计算机运用范围的不断扩大,计算机水平的提高,会计做账方式也从手工做账发展到通过计算机软件进行账务处理,这就促使了计算机审计的产生。计算机审计使得审计方法从手工人工的实际操作发展到计算机水平。但是,随着计算机水平的不断进步,信息系统涵盖的内容越来越多,从最基本的信息存储到数据分析都可以在信息系统中完成,这就使得计算机审计已经不能满足审计目标的完成。因此,信息系统审计应运而生。信息系统审计能够对信息系统从开发使用到最后的维护等整个生命周期都进行审核,提高了审计的范围,增强了审计的安全性和可靠性。

信息系统审计是一个通过收集和评价审计证据,对信息系统是否能够保护资产的安全、维护数据的完整、有效实现被审计单位的目标、使组织的资源得到高效使用等方面做出判断的过程。国际通用的 CC 准则(即 ISO/IEC 15408-2:1999《信息技术安全性评估准则》)中给出了信息系统安全审计(Information System Security Audit,ISSA)的明确定义:信息系统安全审计主要是指对与安全有关活动的相关信息进行识别、记录、存储和分析;审计记录的结果用于检查网络上发生了哪些与安全有关的活动以及这些活动的负责主体是什么。审计的主要功能包括:安全审计自动响应、安全审计数据生成、安全审计分析、安全审计浏览、安全审计事件选择、安全审计事件存储等。

通俗地说,信息安全审计就是信息网络中的"监控摄像头",通过运用各种技术手段监控网络信息系统中的各种活动,记录分析网络中的各种可疑行为、违规操作、敏感信息,帮助定位安全事件源头和追查取证,防范和发现计算机网络犯罪活动,为信息系统安全策略制定、风险内控提供有力的数据支撑。

信息系统审计过程与一般审计过程一样,分为准备阶段、实施阶段和报告阶段。其中,准备阶段和报告阶段涉及的技术方法与财务审计运用的技术方法区别不大,而实施阶段涉及的技术方法则具有信息技术的特色。在实施阶段,针对被审计的信息系统,审计人员开展的工作可以分为 3 个层次:了解、描述和测试。

计算机信息系统环境下审计技术方法与手工环境下传统的审计技术方法相比,增加了计算机技术的内容。信息系统审计方法既包括一般方法(即手工方法),也包括应用计算机审计的方法。信息系统审计的一般方法主要用于对信息系统的了解和描述,包括面谈法、系统文档审阅法、观察法、计算机系统文字描述法、表格描述法、图形描述法等。应用计算机的审计方法一般用于对信息系统的控制测试,包括测试数据法、平行模拟法、在线连续审计技术(通过嵌入审计模块实现)、综合测试法、受控处理法和受控再处理法等。应用计算机技术的审计方法主要是指计算机辅助审计技术与工具的运用。需要说明的是,不能把计算机辅助审计技术与工具的使用过程与信息系统审计等同起来。在信息系统审计的过程中,仍然需要运用大量的手工审计技术。

综上所述,信息系统审计的作用具体表现为以下 3 点。

1) 有效提高信息系统的可靠性

信息系统审计是一种在整个审计过程中都进行监督的审计方法。基于信息系统审计的特点,通过对信息系统早期开发阶段的审计,较早地发现不足,从而尽可能防止信息系统后期可能出现的死机或由于用户操作的失误而产生的严重后果。

2) 提高信息系统的安全性

在大数据技术的支持下,信息系统审计能够有效地保证信息系统的安全性。因为在大数据技术的支持下,可以对信息系统进行实时测试和评价,从而能够及时防止信息数据泄漏,保证信息安全。

3) 提高信息系统运行的效率

随着信息系统审计逐步应用大数据技术,可利用其高效连贯的运行特点,最大限度地利用数据资源,对信息系统进行审查和评价,提高信息系统运行的效率。

1.2.2　日志审计概念

日志文件为服务器、工作站、防火墙和应用软件等信息技术(Information Technology,IT)资源相关活动记录必要的、有价值的信息,这对系统监控、查询、报表和安全审计都十分重要。日志文件中的记录可提供监控系统资源,审计用户行为,对可疑行为进行告警,确定入侵行为的范围,为恢复系统提供帮助,生成调查报告,为打击计算机犯罪提供证据来源。通过对日志进行过滤、归并和告警分析处理,可以定义日志筛选规则和策略,准确定位网络故障并提前识别安全威胁,从而提升网络性能、保障企业网络安全。

日志审计通过集中收集并监控信息系统中的系统日志、设备日志、应用日志、用户访问行为、系统运行状态等各类信息,进行过滤、归并和告警分析处理,建立起一套面向整个系统日志的安全监控管理体系,将信息系统的安全状态以最直观的方式呈现给管理者,既能提高安全审计的效率与准确性,也有助于及时发现安全隐患、快速定位故障、追查事故责任,并能够满足各项标准、法规的合规性管理要求。

一个完整的日志审计包括 4 个部分:日志获取、日志筛选、日志整合以及日志分析,如图 1-1 所示。

日志获取对象一般为操作系统、网络设备、安全设备和数据库等。例如,在下一代防火墙中,日志获取对象为防火墙的各种动作。日志获取过程针对各种设备获取各种日志,并将各类日志转换为统一的格式,便于后续过程对获取到的日志进行处理和分析。

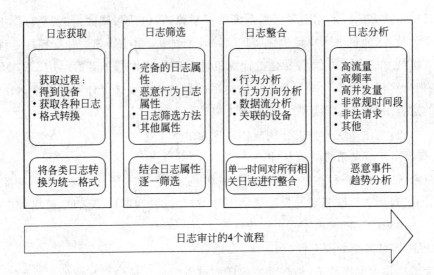

图 1-1　日志审计流程图

日志筛选的目的是找出恶意行为或可能是恶意行为的事件,并作为日志组合的基础。通过对比恶意行为特征及对应的日志属性,确认可能的恶意行为事件,如图 1-2 所示。

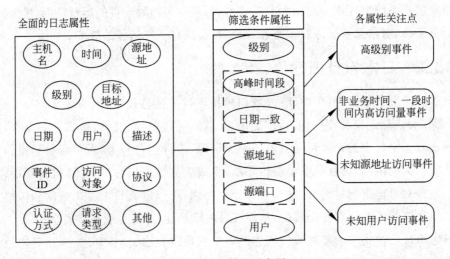

图 1-2　日志筛选示意图

日志整合是将同一路径各种设备的同一事件关联表达出来。通过确认行为、行为方向以及数据流是否一致确定日志是否为同一路径。

日志分析是系统的核心,主要涉及系统的关联规则和联动机制。关联分析技术将不同分析器上产生的报警进行融合与关联,即对一段时间内多个事件间及事件中的关系进行识别,找出事件的根源,最终形成审计分析报告,其具体流程如图 1-3 所示。

日志审计的实现方法主要有两种:一个是基于规则库,具体方法是对已知攻击的特征进行分析,并从中提取规则,进而由各种规则组合成为规则库,系统在运行过程中匹配

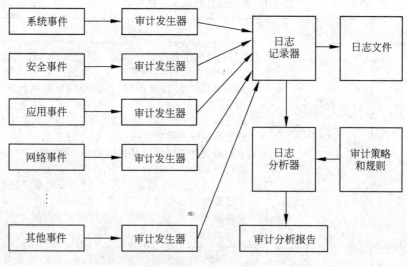

图 1-3　日志分析

这些规则库中的规则信息,从而生成告警;二是数理统计方法,此方法是给网络流量、中央处理器(Central Processing Unit,CPU)占用率等相关数据设置一个阈值,当超过这个阈值就发出告警。

　　日志审计系统作为一个日志信息的综合性管理平台,能够实时收集日志信息并对收集到的日志进行格式标准化处理,实时全面的日志分析,及时发现各类具有安全威胁和异常行为的事件并发出相应的告警信息。为了及时反映安全状态,日志审计系统需要实时收集日志记载的用户访问操作、系统状态变更等信息,然后对这些日志信息进行收集和分析,并进行规范化和报警分析,形成相应的审计报告。

　　日志审计系统可以实时展现系统的整体运行情况以及各个设备的运行状况,并且能够及时发现系统中已发生或者正在发生的危险事件,甚至可以预测可能发生的风险。此外,通过离线分析,安全运维人员可以便捷地对系统进行有针对性的安全审计并得到专业报表。遇到安全事件和系统故障时,日志审计系统可以帮助安全运维人员快速定位故障位置和状况。

1.2.3　日志审计法律法规

　　信息系统审计是企业和组织 IT 内控过程中最关键的环节。信息系统审计通过对关键控制点的符合性测试判断 IT 内控的目标及其控制措施是否有效。

　　为了建立、健全内控体系,政府及相关行业已相继推出数十部法律法规,如国家《企业内控基本规范》、国家《计算机信息系统安全等级保护划分准则》。同时,银行、证券、通信行业均提出了相关标准及要求,确立了面向内控的信息安全审计的必要性。国家法律法规,尤其是等级保护,从二级以上就明确要求进行常规化的安全审计,尤指日志审计。日志审计的相关法律法规见表 1-1。

表 1-1　日志审计的相关法律法规

法律法规	相关条款	与日志审计相关的主要内容
网络安全法	第二十一条	国家实行网络安全等级保护制度。网络运营者应当按照网络安全等级保护制度的要求,履行下列安全保护义务,保障网络免受干扰、破坏或者未经授权的访问,防止网络数据泄漏或者被窃取、篡改: (一) 制定内部安全管理制度和操作规程,确定网络安全负责人,落实网络安全保护责任; (二) 采取防范计算机病毒和网络攻击、网络侵入等危害网络安全行为的技术措施; (三) 采取监测、记录网络运行状态、网络安全事件的技术措施,并按照规定留存相关的网络日志不少于 6 个月; (四) 采取数据分类、重要数据备份和加密等措施; (五) 法律、行政法规规定的其他义务
《信息系统安全等级化保护基本要求》	对于网络安全、主机安全和应用安全部分	从第二级开始,针对网络安全、主机安全、应用安全都有明确的安全审计控制点。在管理要求中,"安全事件处置"控制点从第二级开始要求对日志和告警事件进行存储;从第三级开始提出了"监控管理与安全管理中心"的控制点要求
ISO 27001:2005	4.3.3 记录控制	记录应建立并加以保持,以提供符合信息安全管理体系(ISMS)要求和有效运行的证据
《企业内部控制基本规范》	第四十一条	企业应当加强对信息系统的开发与维护、访问与变更、数据输入与输出、文件存储与保管、网络安全等方面的控制,保证信息系统安全、稳定地运行(注:间接要求安全审计)
《商业银行内部控制指引》	第一百二十六条	商业银行的网络设备、操作系统、数据库系统、应用程序等均当设置必要的日志。日志应当能够满足各类内部和外部审计的需要
《银行业信息科技风险管理指引》	第二十五条	对于所有计算机操作系统和系统软件的安全,在系统日志中记录不成功的登录、重要系统文件的访问、对用户账户的修改等有关重要事项,手动或自动监控系统出现的任何异常事件,定期汇报监控情况
	第二十六条	对于所有信息系统的安全,以书面或者电子格式保存审计痕迹;要求用户管理员监控和审查未成功的登录和用户账户的修改
	第二十七条	银行业应制定相关策略和流程,管理所有生产系统的日志,以支持有效的审核、安全取证分析和预防欺诈
《证券公司内部控制指引》	第一百一十七条	证券公司应保证信息系统日志的完备性,确保所有重大修改都被完整地记录,确保开启审计留痕功能。证券公司信息系统日志应至少保存 15 年
《互联网安全保护技术措施规定》(公安部 82 号令)	第八条	记录、跟踪网络运行状态,监测、记录用户各种信息、网络安全事件等安全审计功能
萨班斯(SOX)法案	第 404 款	公司管理层对建立和维护内部控制系统及相应控制程序充分有效的责任;发行人管理层最近财政年度末对内部控制体系及控制程序有效性的评价。(注:在 SOX 中,信息系统日志审计系统及其审计结果是评判内控评价有效性的一个重要工具和佐证。)

1.2.4　日志审计面临挑战

随着网络规模的不断扩大,网络中的设备数量和服务类型越来越多,网络中的关键设备和服务器产生了大量的日志信息,其主要特点如下。

- 数据量大。
- 日志输出方式多种多样。
- 日志格式复杂,可读性差。
- 分析备份工作繁杂。
- 日志数据易被篡改或删除。

安全管理人员面对这些数量巨大、彼此割裂的安全信息,操作各种产品自身的控制台界面和告警窗口,工作效率极低,难以发现真正的安全隐患。当今的企业和组织在 IT 信息安全领域面临比以往更为复杂的局面。这既有来自企业和组织外部的层出不穷的入侵和攻击,也有来自企业和组织内部的违规和泄漏。

为了不断应对新的安全挑战,企业和组织都会部署防病毒系统、防火墙、入侵检测系统、漏洞扫描系统、统一威胁管理(Unified Threat Management,UTM)等。这些安全系统都仅能抵御来自某个方面的安全威胁,形成了一个个安全防御孤岛,无法产生协同效应。更严重的是,这些复杂的 IT 资源及其安全防御设施在运行过程中不断产生大量的安全日志并且输出方式多种多样,这对安全管理人员即时、高效地发现安全隐患带来了极大的挑战。

另一方面,企业和组织日益迫切的信息系统审计和内控,以及不断增强的业务持续性需求,也对当前日志审计提出了严峻的挑战,尤其是国家信息系统等级保护制度的出台,明确要求二级以上的信息系统必须对网络、主机和应用进行安全审计。

综上所述,企业和组织迫切需要一个全面的、面向企业和组织 IT 资源(信息系统保护环境)的、集中的安全审计平台及其系统,这个系统能够实时不间断地将企业和组织中来自不同厂商的安全设备、网络设备、主机、操作系统、数据库系统、用户业务系统的日志、警报等信息汇集到审计中心,并进行存储、监控、审计、分析、报警、响应和报告。因此,日志审计正面临着以下挑战:日志审计系统面对的 IT 环境中设备日志信息量十分巨大;日志审计系统对信息处理提出了实时性要求,期望快速发现故障与问题;日志审计系统所处理的日志信息具有不同的存储格式和收集方式,需要对多样化的日志信息进行处理;日志审计系统的关注点在于海量日志中有价值的部分,而不仅仅关注需要告警的日志信息,因而需要对信息做深度挖掘。

1.3　日志收集与分析系统

1.3.1　日志收集与分析系统介绍

日志收集与分析系统的最终目的是实现对多种设备以及多种收集方式的日志和事件

的支持,并提供强大的日志和事件处理、统计、分析和查询功能,实现科学的企业管理网络,逐步增强企业的网络安全管理力度。这些收集方式包括基于 SNMP TRAP 的收集、基于 Syslog 的收集、基于 Netflow 的收集、基于专有协议的收集等。通过对企业内网中产生的全部事件进行实时查询与分析,以及精确描述安全事件规则与各种监控查询,保证系统能够达到较高的处理性能,具有很强的灵活性与完整性。

基于以上日志收集与分析系统的概述,各安全厂商都在设计实现自己的日志收集与分析系统产品,各厂商的产品各有特点。日志收集与分析系统是一个全面的、智能的网络日志和事件管理、分析工具,可以提供丰富的日志和事件管理、分析功能。它主要包含两大组成部分:管理服务器和管理客户端,其基本结构如图 1-4 所示,客户端的各项功能在服务正确启动后才能使用,同时,被管理设备需要进行集中管理配置和日志服务器配置,管理系统才能得到相关的设备信息,进行各项配置管理功能。

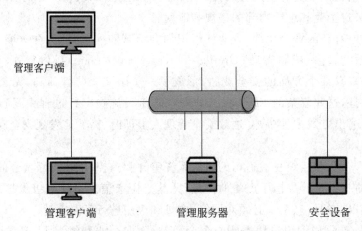

图 1-4 日志收集与分析系统组成结构图

管理服务器负责收集日志信息,能够支持国内外大部分主流的设备、系统品牌和型号,可灵活扩展;通过归一化和智能日志关联分析引擎,协助用户准确、快速地识别安全事故,实现对企业和组织的 IT 资源中构成业务信息系统的各种网络设备、安全设备、安全系统、主机操作系统、数据库以及各种应用系统的日志、事件、告警等安全信息进行全面的审计,帮助企业及时做出响应。

管理客户端与管理服务器互相配合运行,为客户提供本地服务,可以为用户提供一个从总体上把握企业和组织整体安全情况的界面,也可以成为仪表板。通过主页,用户可以从不同的角度了解系统中的实时信息,并通过各种统计图表(图形化显示)获知当前的安全状况,还可以横向或者面向业务的模式进行对比分析;用户还可以通过客户端对资产进行管理,方便地进行设备的增加、修改、删除和查询,并可以对设备当前的日志、事件进行实时的等级统计。

日志收集与分析系统是一个统一日志监控与审计的平台,它能持续地将来自不同厂商的数据库系统、安全设备、警报、操作系统等信息发送至审计中心,并进行集中化的收集、分析、告警和响应,从而出具丰富的报表报告,实现对用户环境中的日志进行合规性审计。

1.3.2 系统功能

基于以上描述,日志收集与分析系统可以告诉用户很多关于网络中所发生事件的信息,主要包含以下功能:资源管理、入侵检测、故障排除、取证和审计。

1. 资源管理

日志可以按照设备资产重要程度和管理域的方式组织设备资产,提供便捷的添加、修改、删除、查询与统计功能,支持资产信息的批量导入和导出,便于安全管理和系统管理人员能方便地查找所需设备资产的信息,并对资产进行关键度赋值。例如,监控一台主机是否在线的典型方法之一是使用因特网控制报文协议(Internet Control Message Protocol,ICMP)"ping"主机。但是,这里给出的信息不够准确,成功"ping"一个主机只能说明它的网络接口配置没有问题。但有时一台主机可能已经崩溃,而此时只要它配置好并且有电,接口就能响应。

以下是一个系统消息的示例。

May 24 02:00:36 somehost - - MARK - -
May 24 02:20:36 somehost - - MARK - -
May 24 02:40:36 somehost - - MARK - -
May 24 03:00:36 somehost - - MARK - -

上述消息说明系统正在运行,Syslog 可以写入消息。(MARK 消息是一种 UNIX Syslog 守护进程定期生成的特殊状态消息。)

通过日志不仅可以判断主机是否在运行,还能判断主机上运行的应用程序在做什么。在系统真正死机前,日志中通常会展现系统的硬件和软件的错误。当错误修正的时候,日志通常可以提供导致故障的线索。

以下是在日志中找到故障的经典例子。

May 21 08:33:00 foo.example.com kernel: pid 1427 (dd). uid 2 inumber 8329 on /var: filesystem full

上述消息说明主机上的 var 文件系统已经用满。消息中显示的另一个消息是导致这个错误发生的进程的名字和进程 ID。除此之外,它还显示被写入文件的节点名称。在这种情况下,显示的进程可能并不是填满磁盘的那一个,它可能只是在分区已被填满的情况下试图写入数据。

2. 入侵检测

主机日志不同于网络入侵侦测系统(Network Intrusion Detection Systems,NIDS),

对入侵检测非常有用。例如,如下记录:

> *Sep 17 07：00：02 host. example. com：sshd ［721038］：Failed password for illegal user erin from 192. 168. 2. 4 port 44670 ssh2*

这条日志消息显示了用户名为"erin"的失败登录尝试。"illegal user"(非法用户)一词的使用是因为系统上并没有这个账户。该条消息是一个攻击者使用安全外壳协议(Secure Shell,SSH)扫描器,试图用一组常用的用户名和密码通过 SSH 登录主机的结果,这个例子是从很短时间内发动数千次攻击中选出来的。主机日志可能是比 NIDS 更好的入侵指示器。NIDS 能够告诉管理员针对主机发生了一次攻击,但是不能表明攻击是否成功。在上面的例子中,NIDS 只能检测到很短的时间内可能发生了大量 SSH 会话,却不能检测到认证已经失败,因为 NIDS 只能知道线路上发生的事情。但是,如果配置了主机日志,就可以查看系统上发生情况的细节。因为主机可能会记录下错误的时间或者主机磁盘满的情况,攻击者也有可能擦除日志文件,将日志发送到远程收集点进行备份,即使攻击者掩盖了他的痕迹,在日志收集点上也保存了原始日志消息,揭示可能发生的情况。下面是一条来自 Snort(一个开源 NIDS)的消息。

> *Jan 2 16：19：23 host. example. com snort ［1260］：RPC Info Query：10. 2. 3. 4*
> *—＞host. example. com：111*
> *Jan 2 16：19：31 host. example. com snort ［1260］：spp_portscan：portscan*
> *status from 10. 2. 3. 4：2 connections across 1 hosts：TCP（2）. UDP（0）*

这些消息表明攻击者对网络做了一次端口扫描,试图寻找运行 rcp. statd 的主机,还表明扫描器成功连上了两台主机,但是 snort 并不知道攻击是否成功取得了进入机器的权限以及连接是否被 TCP Wrappers 断开。而运行 TCP Wrappers 的系统更可能记录了连接是否断开的日志,如果该系统被设置成记录日志,就能够把 snort 日志消息和 TCP Wrappers 的消息关联起来,互为补充,更好地展示实际发生的情况。

NIDS 不能够揭示攻击是否成功,只能告诉管理者可能有人试图攻击,真正的攻击信息被记录在主机上,即 NIDS 提示用户及时查看日志,但是仅靠 NIDS 无法提供完整状况。虽然主机日志并不总能准确地说明发生了什么,但是将 NIDS 和日志结合起来比 NIDS 本身的作用更大。

日志记录了系统中到底发生了什么,而 NIDS 往往不能告诉管理者有用户尝试利用主机的本地漏洞,也不能说明有用户违反了策略或者进行其他不允许的活动。主机入侵检测系统(Host Intrusion Detection System,HIDS)填补了这方面的空白。HIDS 监控计算机系统的运行状态,通过校验和以及其他一些技术监控用户、目录、二进制文件、日志文件本身以及其他一些对象,检测其何时遭到恶意用户、遭到入侵,或者修改的应用程序的篡改,HIDS 系统在检测到系统资源修改的时候生成日志。

此外,用户行为也包含在系统日志中,当一个用户登录、注销或者从某处进入等情况发生时,有些日志(如进程账户日志)会告诉你一些关于用户行为的信息。系统"审计"工具如业务服务管理(Business Service Management,BSM)能够提供粒度更细的用户和系统活动详情。

3. 故障排除

日志对故障排除也很有价值意义。以 Syslog 为例,事实上 Syslog 就是为了这个目的而设计的。

当前的故障检测系统,如网络管理系统(Network Management System,NMS)等,基本上都依赖于监听通告,对系统中的故障诊断依赖于网络状态所设置的参数,当系统中的某一个或多个状态到达网络参数的阈值时,会进行相应的故障定位和通知,但是这样并不能在用户感知到故障前就进行定位止损,而且随着网络日益复杂和多元化,对网络故障的预测显得尤为重要。

网络故障预测是指在历史日志数据的基础上,通过网络的实时状态选择合理的模型或算法实时监控网络的健康状况,在用户感知到故障发生之前,做到对未来的网络状态进行故障的预测,判定故障是否会发生,从而为网络操作者提供帮助,使其及时运用操作策略对网络的健康进行维护。

故障预测是在已有的历史日志数据的基础上,通过模型和相应技术以及数学方法,预测设备未来的状态。其基本步骤如图 1-5 所示。

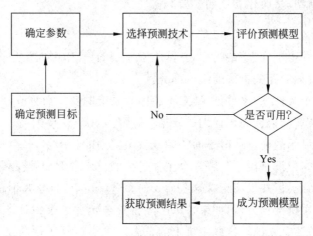

图 1-5　故障预测的基本步骤

(1) 确定预测目标:这里的目标可以是设备路由器、交换机、系统日志等,如预测目标是公司的后台管理日志。

(2) 选择预测技术:这里一般采用机器学习的分类器思想,判断预测目标所属类型。预测技术包括算法的选择、特征提取、优化预测模型等,即通过建立模型,预测日志与故障的关系。

(3) 评价预测模型:通过计算预测的精确度衡量预测模型的准确性,通过验证方法对其进行验证。

目前比较常见的故障预测技术有基于统计的方法、基于数学的方法和基于人工智能的方法。

（1）基于统计的方法。回归分析法是通过历史数据分析出其变化规律，研究出相应的变量及变量之间的关系，构建关联方程，从而预测未来故障。该方法实现起来较为容易，但误差较大；时间序列分析法是建立一个能够反映故障时间序列变化的模型，其对历史数据的需求较弱，该方法对变化因素敏感，故只适用于短时间预测；主成分分析法可以用较少的分量对预测目标进行分析，故该方法适用于维度较高的目标，从而抓住主要的问题，提高了分析质量，但该方法依赖于对维度的选择。

（2）基于数学的方法。灰色理论法是通过对不规律的数据转化为有规律的序列加以研究，从而显示出其规律性，由于其模型为指数函数，故该方法适合于呈指数级上升的系统；模糊理论法使用模糊理论对预测目标进行预测。其好处在于可以处理复杂的变化、非线性方面的问题。

（3）基于人工智能的方法。基于分类的方法就是对样本数据进行分类器训练，将其分类到不同的故障类型中，通过训练模型对未来数据进行分类的过程。常用的方法有决策树、随机森林、支持向量机（Support Vector Machine，SVM）等。

基于遗传算法的方法是利用遗传算法的特性寻找最优解，从而建立优化模型对故障进行预测；基于专家系统的方法含有大量的专家经验，利用人工智能创建的知识库模拟领域专家的经验和判断，从而建立预测模型。

4. 取证

取证是重建"发生了什么"的过程，它基于不完整的信息，因此信息可信度是非常重要的。日志是取证过程中至关重要的组成部分。

日志是一种"永久性"的事件记录，它不会因为系统的变化而更改。因此，日志可以为系统中被篡改或破坏的数据提供详细的证据。

然而，日志中显示的证据有时是间接的或者不完整的。例如，一个日志条目可能展示出一个特定的活动，但没有说明是哪一个主体进行的。或者例如，进程账户日志显示一个用户运行了什么命令，但并没有记录这些命令的参数。所以，日志并不总是唯一可靠的消息来源。但是，当主机遭到入侵，如果主机已经将日志转发给集中日志服务器，日志就有可能是唯一可靠的信息来源。这些主机上的日志在主机遭到入侵前是可以信任的，而在入侵之后就值得怀疑了。但是，集中日志服务器收集的日志有助于揭示到底发生了什么，为事后查明真相指出正确的方向。

5. 审计

审计是验证系统或者过程是否如预期那样运行的过程。日志是审计过程的一部分，形成审计跟踪。

审计往往是为了政策或者监管依从性而进行的。例如，公司往往需要做财务审计，以确保财务报表和账簿相符，且所有数字都合情合理。萨班斯-奥克斯利法案（Sarbanes-Oxley Act）和健康保险便利性和责任法案（Health Insurance Portability and

Accountability Act，HIPAA)等美国法规都要求某种交易日志，以及可以用来验证用户对金融和患者数据访问的审计跟踪。另一个例子是支付卡行业数据安全标准(Payment Card Industry Data Security Standard，PCI DSS)，它的强制要求包括记录信用卡交易日志和持卡人的数据访问日志。

日志也可以被用于验证对于技术策略(如安全策略)的依从性。例如，网络中存在允许使用特定服务的策略时，可以采用对各种日志的审计验证是否只有这些服务在运行。

审计跟踪也可以用来证明可审核性，日志本身也可以用于预防抵赖。例如，如果有人声称他们从来没有接收一个特定的邮件，邮件日志可以用于核实并显示邮件到底有没有发送，就像邮件投递员签收的单据一样。

通过审计用户活动可以发现一些潜在的问题。例如，在 UNIX 环境中，实用程序 sudo 允许一个普通用户执行管理员的命令而无需管理员密码。查看 sudo 的日志，可以查找出是谁运行了管理员命令。

1.3.3　日志旁路部署

旁路部署模式通过将物理接口绑定到旁路模式功能域的方式实现。绑定后，该物理接口就成为旁路接口，此时，设备对从旁路接口收到的流量进行统计、扫描或者记录，即可实现旁路模式。

通常情况下，设备在网络部署上会串联到网络中，以直路的方式对网络流量进行分析、控制以及转发。但是，如果仅需要使用部分功能，如 IPS、防病毒、监控及网络行为控制等，既可以使防火墙应用负载网关工作在直路模式下，也可以工作在旁路模式下。

设备工作在旁路模式下时，仅对流量进行统计、扫描或者记录，并不对流量进行转发，同时，网络流量也不会受到设备本身故障的影响，所以，对于仅有审计需求的情况，使用旁路模式将会更加有效、合理。

旁路部署相对于其他部署方式，具有以下优点：

- 不需改变原来的网络结构也能分析流量，同时能配合日志服务器记录分析。
- 日志服务器即使在运行过程中出现问题，也不会对现有网络造成任何影响。

1.3.4　日志全生命周期管理

各种复杂的应用系统和网络设备每天都产生大量的日志，日积月累形成的海量日志数据给系统带来了巨大的存储和性能压力，而且随着大数据时代的变革，每年的日志数据量呈几何级数增长，如何对这些日志进行科学有效的管理是目前企业迫切需要解决的问题。同时，传统的日志数据管理是通过人工脚本的方式对日志数据进行压缩、迁移、清理，效率低下而且容易出现误操作，加上不同的运维人员输出的维护日志不尽相同，给事后审计造成很大的困难。

日志收集与分析系统可以将收集来的所有日志、事件和告警信息统一存储起来，建立一个企业和组织的集中日志存储系统,实现国家标准和法律法规中对于日志存储的强制性要求,降低日志分散存储的管理成本,提高日志管理的可靠性,消除本地日志存储情况下可能被抹掉的危险,也为日后出现安全事故时增加了一个追查取证的信息来源和依据。通过日志,管理人员可以了解系统的运行状况,获悉信息系统的安全运行状态,识别针对信息系统的攻击和入侵,以及来自内部的违规和信息泄漏事件,能够为事后的问题分析和调查取证提供必要的信息。系统能够实时不间断地收集网络系统中各种不同厂商的安全设备、网络设备、主机、操作系统、数据库管理系统以及各种应用系统产生的海量日志信息,实现日志信息的范式化、关联分析和基于日志的审计功能,以帮助管理员有效排错,便于事件追查和责任认定。

日志全生命周期管理是一种信息管理模式,包含对日志的产生、使用、迁移、清理、销毁的全生命周期管理。开发合理的日志生命周期管理可以有效控制生产系统日志数据规模,提高访问效率,从而提高系统运行的整体效率,帮助企业在日志数据生命的各个阶段以最低的成本获得最大的价值。开发日志留存策略,需要来自组织中安全、依从性和业务管理部门的利益相关方的参与,才能创建一个合乎逻辑实用并具备合适范围的日志留存计划。

(1) 评估使用的依从性需求。

在当今的许多行业中,诞生了一大批健全的依从性需求,如支付卡行业数据安全标准(PCI DSS),它规定了非常具体的日志留存周期——一年。北美电力可靠性公司(North American Electric Reliability Corporation,NERC)的规则指出了特定日志类型的留存时间,其他法规要求保留特定类型的日志,但是并未指明留存周期。这条原则为制定留存策略奠定了基础,确定了最低要求。

(2) 评估组织的态势风险。

内部和外部的风险驱动网络不同部分的留存周期,对组织来说,每个风险领域的时间长度以及日志的重要性可能有很大的不同。如果日志主要用于内部威胁调查,则需要较长的留存周期,因为事故常常是多年都未曾发现的,如果一旦发现,就必须紧急地将其追查到底。

(3) 关注各种日志来源和生成日志的大小。

防火墙、服务器、数据库、Web代理服务器、各种设备或应用程序生成的日志体积有很大的不同。例如,主防火墙会生成大量的日志内容,因此为了满足此数据的长期留存需求,通常只存储30天的日志,但是应该仔细评估某些组织的依从性需要以及主防火墙的关键程度,决定是否采用更长的留存周期。

(4) 评估可用的存储选项。

日志存储选项包括硬盘、数字化视频光盘(Digital Video Disk,DVD)、一写多读(Write Once Read Many,WORM)存储器、磁带、关系型数据库管理系统(Relational Database Management System,RDBMS)、日志特定存储以及基于云的存储。这方面主要取决于价格、容量、访问速度,最重要的是以合理的周期得到正确的日志生命周期管理。

基于以上几点,系统将日志记录分为运行日志记录、交接班记录和历史遗留记录,如图 1-6 所示。在调控值班过程中,除了记录运行日志,同时还要记录一些状态或事件信息,这些信息通常会有一个从开始到结束的状态演变过程,如某个特殊运行方式的形成、变化及结束过程。这些状态或事件信息通常记录在交接班记录中,若状态或事件未结束,则对应的记录不终结,交班后将移交给下一值,通常将上一值移交下来的所有未闭环的记录称为历史遗留记录。

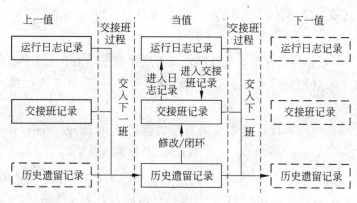

图 1-6　生命全周期管理技术框图

调控日志管理系统将历史遗留记录及其状态变化过程作为一个事物对象进行全过程管理。为便于对日志记录进行管理,系统为日志记录设置了“修改时间”“创建时间”字段。“创建时间”作为日志信息的首次入库时间,在日志的整个生命周期过程中保持不变,而“修改时间”记录了日志信息的最后一次修改时间。

历史遗留记录更新后,将自动转为当值交接班记录,同时根据业务需要,可将记录同步显示至运行日志中。例如,历史遗留记录中的一条已发令操作但未完成的操作记录,当本值完成操作后,对该记录进行相应修改,并将该记录同步显示至运行日志中,作为当前运行日志记录的一部分。交班时,系统将当值更新后的历史遗留记录连同当值运行日志及交接班记录进行存档,同时将未终结的历史遗留记录以及未完成的运行日志和交接班记录移交给下一值。当历史遗留记录包含的事件已结束或事件的变化已不需要继续关注时,终结该记录,交班后将不再移交给下一值。最终,当值汇聚了所有未终结的系统运行状态信息,而每个历史班次保存了整个系统运行状态信息的新建、更新、终结等变化情况。这种方式不但节约了大量的数据库存储资源,提高了系统响应速度,而且便于状态或事件信息的跟踪和追溯。

1.3.5　合规性要求

做到有效控制 IT 风险,尤其是操作风险,对业务的安全运营至关重要。因此,合规性审计成为被行业推崇的有效方法。安全合规性审计是检查建设与运行 IT 系统中的过程是否符合相关法律、标准、规范、文件精神要求的一种检测方法。这作为风险控制的主要内容之一,是检查安全策略落实情况的一种手段。

一般来说,信息安全审计的主要依据为信息安全管理相关的标准,如 ISO/IEC 27000、COSO、COBIT、ITIL、NIST SP800 系列、国家等级保护相关标准、企业内控规范等。这些标准、规范实际上是出于不同的角度提出的控制体系,基于这些控制体系可以有效地控制信息安全风险,从而提高安全性。根据相关标准、法规进行合规性安全审计,起到标识事件、分析事件、收集相关证据,从而为策略调整和优化提供依据。范围至少应该包括安全策略的一致性检查、人工操作的记录与分析、程序行为的记录与分析等。

合规性审计必须与信息安全策略的制订与落实紧密结合在一起,才能有效地控制风险。目前,市场上根据相关标准形成了较多合规性审计产品,如基线扫描以及针对性的 COBIT 审计系统等。

审计过程中,合规性审计员通常会向首席信息官(Chief Information Officer,CIO)、首席技术官(Chief Technology Officer,CTO)和 IT 管理人员询问一系列尖锐问题。这些问题可能包括:添加了什么样的用户、何时添加了这些用户、哪些用户离开了公司、用户信息是否已经撤销,以及什么样的 IT 管理人员已经能够进入关键系统。IT 管理者可以通过使用事件日志管理工具以及健全的变更管理软件在 IT 系统内实现跟踪、文件审核和控制功能。治理、风险管理和法规遵从(Governance,Risk management and Compliance,GRC)软件类型的不断增加使得首席信息官可以方便地向审计人员和首席执行官展示某组织遵从法规,不会不受高额处罚或制裁。

内控与合规性审计越来越受到企业和相关监管部门的重视,法规遵从、企业内控成为 IT 业界的热点话题和发展趋势,通过对用户网络环境中安全设备、网络设备、主机、操作系统、数据库系统、用户业务系统等日志进行全面分析与审计,集成各种合规性关键控制点需求,建立基于日志与行为分析的合规性安全审计平台,为用户提供合规性审计报表报告,充分满足各项标准、法规(萨班斯法案、等保要求、分保要求)的合规性控制需求,降低合规性成本。

日志收集与分析系统专业的合规性审计报表,合规性审计内容广泛多样,具体取决于某一组织的性质,该公司处理的数据类型以及它是否传送或存储了敏感财务数据。例如,SOX 法案规定任何电子通信必须进行备份并有合理的灾难恢复体系作为保障。保存或传送如个人健康信息这样的电子医疗记录的医疗服务提供商必须遵守 HIPAA。传送信用卡数据的金融服务公司必须遵守 PCI DSS(支付卡行业数据安全标准)。独立核算、安全或 IT 顾问需对合规准备的优点及全面性做出评价。无论在哪种情况下,被审计的组织都必须通过提供审计跟踪记录表明自己符合相关规定。特有的基于规则的审计引擎能够为各个行业客户制定出与上述要求一致的实时/历史审计场景。用户可以通过丰富的合规分析策略对全网的安全事件进行全方位、多视角、大跨度、细粒度的事实检测、分析、查询、追溯,动态了解系统的合规情况。

思 考 题

1. 简述日志设备的产生原因。
2. 概述日志管理设备的定义。
3. 简述日志审计的概念及其面临的挑战。
4. 日志审计有哪些法律法规？
5. 日志收集与分析系统的主要功能有哪些？
6. 如何实现对日志全生命周期的管理？
7. 简述日志合规性要求的概念。

第 2 章 日 志 收 集

本章将详细介绍日志收集的对象及常见的日志收集方式。通过本章节的学习,达到了解日志收集对象的目标,日志收集对象如操作系统、网络设备、安全设备、应用系统、数据库等;此外,理解日志收集的几种基本方式,如 Syslog、SNMP Trap、JDBC/ODBC、文件传输协议(File Transfer Protocol,FTP)及文本等,为后续的日志相关内容的学习奠定基础。

2.1 概述

日志收集系统能够通过多种方式全面收集网络中的各种设备、应用和系统的日志信息,确保用户能够收集并审计所有必需的日志信息,避免出现审计漏洞。同时,该系统还要尽可能使用被审计节点自身具备的日志外发协议,尽量不在被审计节点上安装任何代理,保障被审计节点的完整性,使得对被审计节点的影响最小化。

由于网络设备的多样化,日志收集系统支持通过多种网络协议进行日志收集,如 Syslog、SNMP Trap、NetFlow、ODBC/JDBC、OPSEC LEA、内部私有传输控制协议(Transmission Control Protocol,TCP)/用户数据报协议(User Datagram Protocol,UDP)等。

另外,针对能够产生日志,但是无法通过网络协议发送给日志收集系统的情形,可以通过为用户提供一个软通用日志收集器(Sensor,也称为事件传感器)对用户日志进行收集。该日志收集器能够自动将指定的日志(文件或者数据库记录)发送到审计中心。例如,针对 Windows 操作系统日志等。

可见,当前的日志收集与分析系统中的日志已经超越了传统日志的概念,真正实现了对全网 IT 资源的日志产生、收集、分析和审计。

2.2 收集对象

2.2.1 操作系统

日志收集与分析系统需要支持收集各种主机操作系统记录的各种消息,这些操作系

统包括 Windows、Solaris、Linux、AIX、HP-UX、UNIX、AS400 等。下面以操作系统生成
的日志为例进行介绍。

（1）认证：用户已经登录、无法登录等。

示例（Linux Syslog）：

> Jan 2 08:44:54 ns1 sshd2[23661]：User anton,coming from 65.211.15.100,
> authenticated.

以上例子是 Linux Syslog 中的一行，与远程用户用 Secure Shell 守护进程认证相关。

（2）系统启动、关闭和重启。

示例（Linux Syslog）：

> Nov 4 00:34:08 localhost shutdown：shutting down for system reboot

以上例子中的 Linux Syslog 与系统关闭相关。

（3）服务启动、关闭和状态变化。

示例（Solaris Syslog）：

> Nov 5 13:13:24 solinst sendmail[412]：[ID 702911 mail.info] starting daemon
> (8.11.6＋Sun)：SMTP＋queueing@00:15:00

以上例子是与 sendmail 守护进程启动相关的 Linux Syslog 行。

（4）服务崩溃。

示例（Linux Syslog）：

> Jan 3 12:20:28 ns1 ftpd：service shut down

以上例子是与 FTP 服务器偶然关闭（可能因为系统崩溃或者使用了 kill 命令导致服
务器关闭）相关的 Linux Syslog 行。

（5）杂项状态消息。

示例（Linux Syslog）：

> Nov 20 15:45:59 localhost ntpd[1002]：precision ＝ 24 usec

以上例子是与事件同步守护进程相关的 Linux Syslog 行。

通常，操作系统消息被视为安全相关的日志，其主要原因有以下两点。

（1）可用于入侵检测。由于成功和失败的攻击通常会在日志中留下独特的痕迹，大
部分主机入侵检测系统（Host-based Intrusion Detection System,HIDS）和安全信息及事
件管理系统（Security Information and Event Management,SIEM）通过收集这类消息，做

出过去和将要出现的威胁的判断(在日志中发现攻击者侦察活动的痕迹时)。

(2) 可用于事故响应。尽管有各种安全防护措施,成功的攻击仍然可能发生。

本节主要介绍 UNIX/Linux 和 Windows 这两种系统的日志描述。

UNIX/Linux 的系统日志能细分为 3 个日志子系统。

(1) 登录时间日志子系统:登录时间日志通常会与多个程序的执行产生关联,一般情况下,将对应的记录写到/var/log/wtm 和/var/run/utmp 中。为了使系统管理员能够有效地跟踪谁在何时登录过系统,一旦触发 login 等程序,就会对 wtmp 和 utmp 文件进行相应的更新。

(2) 进程统计日志子系统:主要由系统的内核实现完成记录操作。如果一个进程终止,系统就能够自动记录该进程,并在进程统计的日志文件中添加相应的记录。该类日志能够记录系统中各个基本的服务,可以有效地记录与提供相应命令在某一系统中使用的详细统计情况。

(3) 错误日志子系统:其主要由系统进程 Syslogd(新版 Linux 发行版采用 rSyslogd 服务)实现操作。它由各个应用系统(如 HTTP、FTP、Samba 等)的守护进程、系统内核自动利用 Syslog 向/var/log/messages 文件中添加记录,用来向用户报告不同级别的事件。

UNIX/Linux 系统的主要日志文件格式表述如下。

(1) 基于 Syslogd 的日志文件。该类型主要采用 Syslog 协议和 POSIX 标准进行定义,其日志文件的内容通常以 ASCII 文本形式存在,一般由以下几部分组成:日期、时间、主机名、IP 地址和优先级等。Syslog 优先级可以分为 0、1、2、3、4、5、6、7 级共 8 个级别,每个级别对应不同的核心程序所产生的日志。

(2) 应用程序产生的日志文件。这种类型的日志文件通常是 ASCII 码的文本文件格式。到目前为止,大多数 UNIX/Linux 系统中,运行的程序会自动将对应的日志文件向 Syslogd 进行处理。大部分应用层的日志默认存储在/var/log/messages 目录下,如图 2-1 所示。在这个目录下,我们会看到很多熟悉的名字,如/var/log/httpd/access_log 是由 Apache 服务产生的日志文件;再如,/var/log/samba 是由 Samba 服务产生的日志文件;这种存储方式在日志量不大时,通过过滤等方法就可以找出感兴趣的关键字。但如果服务日志需要归档处理,就不可行了。

(3) 操作记录日志文件:此类型的文件主要包括两类。

① 对各个终端的登录人员进行记录的日志信息 lastlog。该信息采取二进制的方式进行存储(无法使用 vi 等编辑器直接打开),记录内容主要有用户名、终端号、登入 IP、登入使用时间等。

② 系统中的邮件服务器在运行的时候需要进行记录的日志 maillog,它的文件格式通常比较复杂,但内容主要是 ASCII 文本,涉及进程名、邮件代号、日期、时间、操作过程的各种相关信息。

在 Windows 操作系统中,日志文件包括系统日志、安全日志及应用程序日志。对于管理员来说,需要熟练掌握这三类日志。

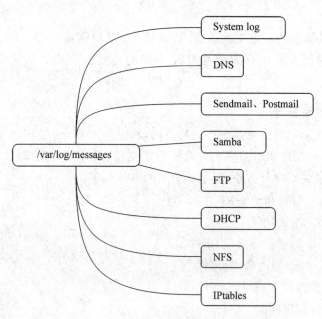

图 2-1　/var/log/messages 默认存放的日志

（1）系统日志。它主要是指 Windows 2003/Windows 7 等各种操作系统中的各个组件在运行中产生的各种事件。这些事件一般可以分为：系统中各种驱动程序在运行中出现的重大问题、操作系统的多种组件在运行中出现的重大问题，以及应用软件在运行中出现的重大问题等，而这些重大问题主要包括重要数据的丢失、错误等，甚至是系统产生的崩溃行为。

（2）安全日志。Windows 安全日志与系统日志明显不同，主要记录各种与安全相关的事件。构成该日志的内容主要包括：各种对系统进行登录与退出的成功或者不成功信息；对系统中的各种重要资源进行的各种操作（如对系统文件进行创建、删除、更改等不同的操作）。

（3）应用程序日志。它主要记录各种应用程序所产生的各类事件。例如，系统中 SQL Server 数据库程序进行备份设定，一旦成功完成数据的备份操作，就立即向指定的日志发送记录，该记录中包含与对应事件相关的详细信息。

2.2.2　网络设备

网络设备包括路由器、交换机和其他将计算机桌面和服务器连接起来组成网络的设备，来自这类设备的日志在安全中起到关键的作用。

最常见的网络设备消息包括如下类别。

- 登录和注销。
- 建立服务连接。
- 出站和入站传输字节数。
- 重新启动。

- 配置更改。

通常,网络设备包括路由交换设备、防火墙、入侵检测系统等。由于上述设备的厂家和标准差异,它们在产生日志时会存在不同的格式。下面以防火墙和交换机举例说明。

1. PIX 防火墙日志

该日志是与实际的防火墙系统产品相关的,其主要由 Cisco 公司研发,该防火墙基于专用操作系统,同时采取实时的嵌入式系统形成支撑。PIX 系列的防火墙通常都为用户提供了比较完备的安全审计方法,其主要记录的事件如下。

- AAA(认证、授权和记账)事件。
- Connection(连接)事件。
- SNMP(简单网络管理协议)事件。
- Routing errors(路由错误)事件。
- Failover(故障转移)事件。
- PIX 系统管理事件。

基于 PIX 系统的防火墙产品,其相关的日志采用"%"作为一个标识符以标志某一记录的开始,其记录文件不超过 1024 个字符。

2. 交换机日志

中高端交换机以及各种路由器,一般情况下都会采取一定的方式记录设备自身的运行状态,并且将系统在运行中产生的一些异常情况记录下来。另外,在兼容性方面,上述网络设备通常都提供了对 Syslog RFC 3164 的支持,并对该协议明确的各种日志处理机制提供支持,因此可以通过 Syslog 协议实现不同设备之间多种日志的相互转发。

2.2.3 安全设备

安全设备包括防火墙、虚拟专用网络(Virtual Private Network,VPN)、IDS、IPS、防病毒网关、网闸、分布式拒绝服务(Distributed Denial of Service,DDoS)攻击、Web 应用防火墙等在主机上运行的具备安全保护功能的应用程序或者设备。与前述的日志不同,安全设备产生的日志与攻击、入侵、感染等相关。

从 20 世纪 90 年代初第一代商业化系统出现以来,主机入侵检测系统(HIDS)和主机入侵防御系统(HIPS)的定义和任务已经得到发展。现在,这类系统能够检测和拦截各种网络、操作系统和应用程序的攻击,而这类系统生成的大部分事件记录与如下方面有关。

- 检测到的侦察或者探查行为。
- 对可执行文件的修改。
- 检测到攻击。
- 检测并拦截攻击。
- 检测到成功入侵。

- 不安全的系统重新配置或损坏。
- 身份认证或者授权失败。

通过对客户的入侵检测系统、入侵防御系统或防火墙等安全设备的日志进行收集,定期分析、筛选真假入侵告警,结合实际网络系统环境诊断当前的安全态势,一旦发现网络入侵事件或者尝试入侵事件,可以及时通知客户并提供阻止入侵的技术手段,调整和优化策略。

2.2.4　应用系统

应用系统包括邮件、Web、FTP、Telnet 等,它可以记录业务应用系统上的每个账户的活动信息。通常将应用系统记录的日志归纳为如下几类。

(1) 权限管理日志:记录业务应用系统的用户权限分配策略的每一个更改活动,如用户/用户组权限的指派和移除。

(2) 账户管理日志:记录应用系统上的每个账户的管理活动,包括用户/用户组的账户管理,如创建、删除、修改、禁用等,以及用户的账户密码管理,包括创建、修改等。

(3) 登录认证管理日志:记录业务应用系统的用户登录认证活动,包括成功的用户登录认证、失败的用户登录认证、用户注销、用户超时退出。

(4) 系统自身日志:记录业务应用系统在启动或关闭服务时或者在发生影响业务应用系统故障时的活动,包括服务启动、服务停止、系统故障等。

(5) 业务访问日志:记录业务应用系统的业务资源访问活动。

这里以最常见的 Apache 服务器为例,对应用系统的日志进行分析说明。Apache 服务器的日志文件中包含着大量有用的信息,这些信息经过分析和深入挖掘之后能够最大限度地在系统管理人员及安全取证人员的工作中发挥重要作用。

Apache 日志大致分为两类:访问日志和错误日志。为了分析 Apache 日志,先了解一下 Apache 的访问日志记录的过程。

① 客户端向 Web 服务器发出请求,根据 HTTP,这个请求中包含了客户端的 IP 地址、浏览器的类型、请求的 URL 等一系列信息。

② Web 服务器收到请求后,根据请求将客户要求的信息内容直接(或通过代理)返回到客户端。如果出现错误,则报告出错信息,浏览器显示得到的页面,并将其保存在本地高速缓存中。如果请求/响应通过代理,则代理也缓存一下传来的页面。

③ Web 服务器同时将访问信息和状态信息等记录到日志文件里。客户每发出一次 Web 请求,上述过程就重复一次,服务器则在日志文件中增加一条相应的记录。因此,日志文件比较详细地记载了用户的整个浏览过程。Apache 日志记录过程如图 2-2 所示。

2.2.5　数据库

各种数据库(如 Oracle、SQL Server、MySQL、DB2、Sybase、Informix 等)一般都使用事务的工作模型运行,事务必须满足原子性,即所封装的操作或者全做,或者全不做。事务管理系统需要做两件事:一是让系统产生日志;二是保证多个事务并发执行,满足 ACID

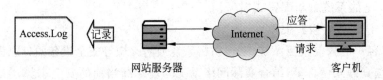

图 2-2　Apache 日志记录过程

特性。ACID 是数据库事务正确执行的 4 个基本要素的缩写,包含原子性(Atomicity)、一致性(Consistency)、隔离性(Isolation)、持久性(Durability)。数据库事务系统工作模型如图 2-3 所示。事务管理器控制查询处理器的执行,控制日志系统以及缓冲区,日志在缓冲区生成,日志管理器在特定的时候控制缓冲区的刷盘操作。当系统崩溃的时候,恢复管理器就被激活,检查日志并在必要时利用日志恢复数据。

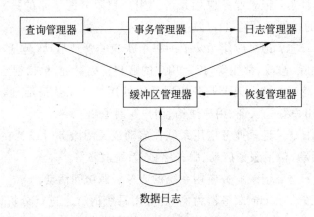

图 2-3　数据库事务系统工作模型

　　数据库都具有事务日志,用于记录所有事务以及每个事务对数据库所做的修改。在多事务数据库系统中,每个事务都有若干个操作步骤。每个日志都记录有关某个事务已做的某些情况。几个事务的行为可以是"交错的",因此当一个事务的某个步骤被执行,并且其效果被记录到日志中,接着就会执行另外一个事务的某个步骤并记入日志,接着可能执行第一个事务的下一个步骤,也可能执行另外一个事务的某个步骤,以此类推,事务的交错执行使日志更复杂。

　　事务日志是数据库的重要组件,如果系统出现故障,则可能需要使用事务日志将数据库恢复到一致状态,在恢复时,有些事务的工作将会重做,这些事务写到数据库的新值会重写一次,而另外一些事务的工作将被撤销,就跟从来没有被执行过一样,数据库被恢复。删除或移动事务日志前,必须完全了解此操作带来的后果。

　　综上所述,事务日志支持以下操作。

- 恢复个别的事务。
- 在数据库启动时恢复所有未完成的事务。
- 将还原的数据库、文件、文件组或页前滚至故障点。
- 支持事务复制,支持备份服务器解决方案。

2.3　收集方式

2.3.1　Syslog

Syslog 协议是一个在 IP 网络中转发系统日志信息的标准,是在美国加州大学伯克利软件分布研究中心的 TCP/IP 系统实施中开发的,目前已成为工业标准协议,可用它记录设备的日志。Syslog 可以记录系统中的任何事件,管理者可以通过查看系统记录随时掌握系统状况。系统日志通过 Syslog 进程记录系统的相关事件,也可以记录应用程序运作事件。通过适当配置,还可以实现运行 Syslog 协议的机器之间的通信。通过分析这些网络行为日志,可追踪和掌握与设备和网络有关的情况。

在网络管理领域,Syslog 协议提供了一个传递方式,允许一个设备通过网络把事件信息传递给事件信息接收者(也称为日志服务器)。但是,由于每个进程、应用程序和操作系统都或多或少有自己的独立性,Syslog 信息内容中会存在一些不一致的地方。因此,协议中并没有任何关于信息的格式或内容的假设。这个协议就是简单地被设计用来传送事件信息,但是对事件的接收不会进行通知。Syslog 协议和进程最基本的原则就是简单,在协议的发送者和接收者之间不要求有严格的相互协调。Syslog 信息的传递可以在接收器没有被配置甚至在没有接收器的情况下开始。在没有被清晰配置或者定义的情况下,接收器也可以接收到信息。

Syslog 常被称为系统日志或系统记录,是一种用来在互联网协议(TCP/IP)的网络中传递记录信息的标准。这个词汇常用来指实际的 Syslog 协议,或者那些送出 Syslog 信息的应用程序或数据库。它属于一种主从式协议:Syslog 发送端会传送出一个小的文字信息(小于 1024B)到 Syslog 接收端。接收端通常名为“Syslogd”“Syslog daemon”或 Syslog 服务器。系统日志信息可以用 UDP 或 TCP 传送,这些信息是以明码形态被传送的。由于 SSL 加密外套(如 Stunnel、sslio 或 sslwrap 等)并非 Syslog 协议本身的一部分,因此系统日志信息可以通过 SSL/TLS 方式提供一层加密。

Syslog 提供了一个便于管理员理解日志的机制,即以英文文本记录系统消息。系统日志消息中有标准格式的消息(称为系统日志消息、系统错误消息或简单系统消息),也有从调试命令输出的消息。这些消息是在网络运作过程中生成的,旨在指明网络问题的类型和严重程度,或者帮助用户检测路由器的活动,如配置的变更。

综上所述,Syslog 虽然有很多缺陷,但仍获得相当多平台接收端的支持。很多网络设备都支持 Syslog,其中包括路由器、交换机、应用服务器、防火墙和其他网络设备。因此,Syslog 可以用来将多种不同类型系统的日志记录整合到集中的数据库中。

Syslog 消息格式结构如下所示,系统消息由一个百分号开始。

```
%FACILITY-SUBFACILITY-SEVERITY-MNEMONIC: Message-text
```

- FACILITY(特性):由 2 个或 2 个以上大写字母组成的代码,用来表示硬件设备、协议或系统软件的型号。

- SEVERITY(严重性)：范围为 0～7 的数字编码,表示了事件的严重程度。
- MNEMONIC(助记码)：唯一标识出错误消息的代码。
- Message-text(消息文本)：用于描述事件的文本串。消息中的这一部分有时会包含事件的细节信息,其中包括目的端口号、网络地址或系统内存地址空间中对应的地址。

Syslog 协议和进程的基本原则是它的简单性。在发送者和接收者之间不需要协调。实际上,Syslog 信息的发送者可以在接收者没有配置好或根本不存在的情况下进行发送。相反,很多设备会在没有任何配置和定义的情况下收到消息。这种简单性让 Syslog 更容易接受和部署。

标准化的 Syslog 使用用户数据报(UDP)作为底层传输层协议。Syslog 的 UDP 端口为 514。所有目的端口为 514 的 UDP 报文都是 Syslog 消息。Syslog 的完整格式由 3 个可识别的部分组成。第一部分是 PRI,第二部分是 HEADER,第三部分是 MSG。报文的总长度必须在 1024B 之内。

PRI 必须是 3 个、4 个或 5 个字符,并且第一个和最后一个字符是尖括号。PRI 部分以"<"开始,接着是数字,最后是">"。数字的编码必须是 7 位 ASCII 格式。这里,"<"字符被定义成 ABNF 格式"%d60",同样,">"字符被定义成 ABNF 格式"%d62"。尖括号中间的数字是优先级,表示前文描述的设备和严重级别。优先级由 1、2 或 3 个数字组成,使用%d48～%d57 表示 0～9。

HEADER 部分包含时间戳以及设备的主机名或 IP 地址。Syslog 的 HEADER 部分必须使用可见(可打印)的字符。字符集必须使用 PRI 中的 ASCII 字符集。在这些字符集中,唯一允许的字符集是 ABNF VCHAR 值(%d33-126),以及空格(%d32)。

MSG 部分是 Syslog 报文的剩余部分。通常,MSG 部分包含生成这个消息进程的其他信息,以及消息的文本内容。这部分没有结束分隔符。Syslog 报文的 MSG 部分必须包含可见(可打印)的字符。通常使用和 PRI 以及 HEADER 部分一样的 ASCII 字符集。在这个字符集中,允许的字符是 ABNF VCHAR(%d33-126)以及空格(%d32)。然而,在 MSG 中使用的字符集既没有指定,也不是期待的。可以使用其他的字符集,只要这些字符集中包含上文描述的可见字符和空白字符即可。包含不可见字符集的消息不能被展示,也不能被接收者理解,不会给操作员或管理员任何信息。

2.3.2　SNMP Trap

在了解 SNMP Trap 之前,首先介绍一下 SNMP。

SNMP 设计用于满足网络管理员不断增长的需求。从 20 世纪 90 年代初起,SNMP 已经集成到几乎所有常见的网络系统中,包括许多网络安全系统。SNMP 是查询和配置设备的一种协议,SNMP 陷阱和通知是设备在特定事件发生时生成的特殊的 SNMP 消息。虽然 SNMP 协议整体来说不是一个日志记录系统,许多网络设备也能够通过 Syslog 发送事件信息,但是 SNMP 陷阱和通知可以看作日志消息的类型。对于有些不能通过

Syslog 发送事件信息的设备,SNMP 陷阱和通知是从设备获得其他途径不能收集的事件信息的一种方法,并且在某些情况下,通过 SNMP 发送的信息类型与通过 Syslog 发送的不同。SNMP 有多个版本,通常称作 SNMPv1、SNMPv2、SNMPv3。下面对 SNMP 陷阱和通知、获取和设置分别进行介绍。

1. SNMP 陷阱和通知

SNMP 陷阱是 SNMPv1 协议的一部分。SNMP 通知是 SNMPv2 和 SNMPv3 协议的一部分。陷阱和通知之间的关键区别是通知包含了接收者向发送者发回确认的功能。设备必须经过配置才能产生消息,包括什么事件生成消息,向哪里发送消息。

SNMPv1 陷阱使用明文发送,且没有身份认证,因此容易遭到相同类型的欺骗攻击。SNMPv2 通知也以明文发送,而 SNMPv3 有可选择的消息认证,可以抵御欺骗攻击,代价是占用了发送者和接收者上的一些中央处理机(Central Processing Unit,CPU)周期。

2. SNMP get

SNMP 允许“get”(获取)操作,可以用它从一个设备或者系统上读取信息,但是能得到什么信息这很大程度上取决于设备的实现。例如,路由器将跟踪每个接口的发送和接收字节数等信息,操作系统则可以获得 CPU 使用、内存使用等信息。也就是说,从设备或者系统中可以获得有助于日志分析的信息,但是在实践中,这既不实用,也不现实。在网络管理界有一个概念叫作陷阱导向轮询(Trap-directedPolling)。这意味着,接收到某种 SNMP 陷阱后,可使用 SNMP get 轮询设备读取附加信息,进一步关联或者验证刚刚收到的陷阱。但是一般来说,发送陷阱的安全设备所做的只是发送陷阱,并不跟踪任何可以“获取”的信息。

3. SNMP set

顾名思义,SNMP set 允许更改远程系统上的某个数值。例如,网桥实现某种规范,允许使用 SNMP set 开关交换机端口。

SNMP 是用来管理设备的协议,目前 SNMP 已成为网络管理领域中事实上的工业标准,并被广泛支持和应用,大多数网络管理系统和平台都是基于 SNMP 的。如果网管系统(Network Management System,NMS)需要查询被管理设备的状态,则需要通过 SNMP 的 get 操作获得设备的状态信息。但由于告警信息一般是由受管服务器进行主动告警,这时候就不能通过管理方主动使用 SNMP get 进行,而是由受管服务器通过 SNMP Trap 进行。

SNMP Trap 是某种入口,到达该入口会使 SNMP 被管设备主动通知 SNMP 管理器,而不是等待 SNMP 管理器的再次轮询。它是 SNMP 的一部分,当被监控段出现特定事件,如性能问题或者网络设备接口宕掉等情况,代理端会给管理端发告警事件。需要说明的是,在这里代理端主动向管理端发送消息,而不是等待管理端以时间间隔的方式轮询代理端。它需要事先在代理端定义好陷阱类型,触发陷阱后,代理端向管理端发送消息,管理端通过对数据报中的字段进行解析后得到被管设备的消息。用一句话来说,SNMP Trap 就是被管理设备主动发送消息给 NMS 的一种机制。其功能特点如下。

(1) 事件驱动,第一时间收到设备故障告警。

以事件为驱动,由被监控的主机、网络设备、应用在发生故障时向 NMS 发送 SNMP Trap,通过对接收到的 SNMP Trap 进行翻译和展现,以最快速度向管理人员发送告警。SNMP Trap 不同于 SNMP 的主动收集,SNMP 收集服务器按照固定的时间间隔,由网管系统以询问的方式,收集被监控端的性能指标,因此发现被监控端性能问题的快慢取决于收集的频率间隔。而 SNMP Trap 是以事件为驱动,在被监控端设置陷阱,一旦被监控端设备出现相关问题,立刻发送 SNMP Trap,因此能够在最短的时间内发现故障,避免因为设备故障带来的经济损失。

(2) 提供 SNMP Trap 的接收,并通过对 Trap 信息翻译,展现事件。

支持设备、主机和应用的 SNMP Trap 信息,从被动变为主动,全面监控 IT 系统。通过对 SNMP Trap 的翻译和展现,一旦某个 IT 组件出现问题,在短时间之内即可收到故障信息,满足企业快速发现问题的需要。

通过 SNMP Trap 的接收规则定义,管理员可以过滤非重要设备的 Trap 信息,也可以过滤被监控设备的非重要故障信息,帮助管理员在第一时间收到真正需要的管理信息。

(3) 定制 SNMP Trap 告警规则触发告警,提供多种方式发送告警信息。

用户通过管理端定制需要告警的 SNMP Trap 信息,针对特定 SNMP Trap 事件通过邮件、短信、语音、微信等方式向相关人员发送报警,帮助管理人员快速收到 IT 系统故障信息。

(4) 支持事件导出。

汇总特定时间内的特定 SNMP Trap 事件,同时以 Excel 格式导出事件数据,便于管理人员对故障信息进行统计和分析。

(5) 支持各类设备厂家管理信息库(Management Information Base,MIB)的导入。

虽然国内各种网络设备都支持 SNMP Trap,但是各个厂家的 MIB 并不能很好地支持公共标准,因此,很多监控系统都支持私有 MIB 的导入,确保能够全面兼容各个厂家设备的 SNMP Trap 信息。

2.3.3　JDBC/ODBC

1. JDBC

Java 数据库连接(Java DataBase Connectivity,JDBC)是 Java 平台的一个标准组成部分,是由 SUN 公司根据与平台无关的基本原则开发设计的,对异构数据库的连接和跨平台的数据库访问提供了有力的技术支持。它是 Java 程序连接和访问各种数据库的应用程序接口(Application Programming Interface,API),它由一组类和接口构成,通过调用这些类和接口提供的方法,提供了 Java 程序与各种数据库服务器之间的连接服务,通过 JDBC API,用户可以使用完全相同的 Java 语法访问大量各种各样的 SQL 数据库。换言之,有了 JDBC API,就不必为了访问 SQL Server 数据库、Oracle 数据库、MySQL 数据库而分别写 3 个不同的程序了,只需用 JDBC API 写一个程序就够了,它可向相应数据库发送 SQL 语句。它支持 ANSI SQL-92 标准,实现了从 Java 程序内调用标准的 SQL 命令对数据库进行查询、插入、删除和更新等操作,并确保数据事务的正常进行。

JDBC 是实现 Java 应用程序与各种不同数据库对话的一种机制。它由两部分与数据库独立的 API 组成:一部分是面向程序开发人员的 JDBC API;另一部分是面向底层的 JDBC Driver API。它还提供了一个通用的 JDBC Driver Manager,用来管理各种数据库软件商提供的 JDBC 驱动程序,从而访问其数据库。此外,对没有提供相应 JDBC 驱动程序的数据库系统开发了特殊的驱动程序:JDBC-ODBC 桥,该驱动程序支持 JDBC 通过现有的 ODBC 驱动程序访问其数据库系统。如图 2-4 所示,JDBC 的基本层次结构由 Java 程序、JDBC 驱动程序管理器(JDBC Driver Manager)、驱动程序和数据库(Database,DB) 4 部分组成。

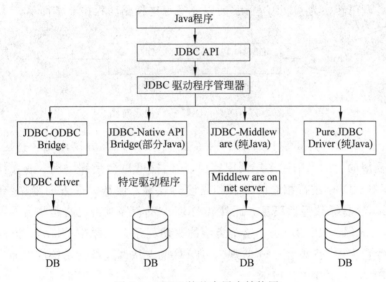

图 2-4　JDBC 的基本层次结构图

下面对图 2-4 作简要说明。

Java 程序:Java 程序包括 Java 应用程序和 Java 小应用程序,主要是根据 JDBC 方法实现对数据库的访问和操作。其主要任务有:请求与数据库建立连接、向数据库发送 SQL 请求、为结果集定义存储应用和数据类型、查询结果、处理错误、控制传输、提交及关闭连接等操作。

JDBC 驱动程序管理器:它能够动态地管理和维护数据库查询所需要的所有驱动程序对象,实现 Java 程序与特定驱动程序的连接,从而体现 JDBC 的"与平台无关"这一特点。其主要任务有:为特定数据库选择驱动程序、处理 JDBC 初始化调用、为每个驱动程序提供 JDBC 功能的入口、为 JDBC 调用执行参数等。

驱动程序:驱动程序处理 JDBC 方法,向特定数据库发送 SQL 请求,并为 Java 程序获取结果。必要的时候,驱动程序可以翻译或优化请求,使 SQL 请求符合 DBMS 支持的语言。其主要任务有:建立与数据库的连接、向数据库发送请求、用户程序请求时执行翻译、将错误代码格式化成标准的 JDBC 错误代码等。JDBC 是独立于数据库管理系统的,而每个数据库系统均有自己的协议与客户机通信,因此,JDBC 利用数据库驱动程序使用这些数据库引擎。JDBC 驱动程序由数据库软件商和第三方软件商提供,因此,根据编程使用的数据库系统不同,所需要的驱动程序也有所不同。JDBC 驱动程序可以分为以下4 类。

第一类:JDBC-ODBC Bridge Driver。此类驱动程序也称为 JDBC-ODBC 桥。开放数据库互联(Open DataBase Connectivity,ODBC)是由 Microsoft 主导的数据库连接标准(基本上 JDBC 是参考 ODBC 制定出来的),所以 ODBC 在 Microsoft 系统上也最为成熟。例如,Microsoft Access 数据库访问就是使用 ODBC。关于 ODBC 的具体内容,将在本节的后半部分介绍。这类驱动程序将 JDBC 的调用转换为对 ODBC 驱动程序的调用,再由ODBC 驱动程序操作数据库,其结构如图 2-5 所示。由于利用的是现成的 ODBC 架构,只需要将 JDBC 调用转换为 ODBC 调用,所以要实现这种驱动程序非常简单。

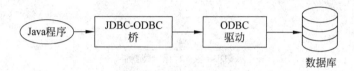

图 2-5　JDBC-ODBC 桥结构示意图

不过,由于 JDBC 与 ODBC 并非一一对应的关系,所以部分调用无法直接转换,因此有些功能是受限的。如果采用多层调用转换,访问速度也会受到限制。故在使用这个驱动之前,需要对 ODBC 进行相应的部署和正确的设置。但从另一方面来说,在平台上先设置好 ODBC,容易导致弹性不足。此外,ODBC 驱动程序本身也有跨平台的限制。

第二类:Native API Driver。这个类型的驱动程序会以原生(Native)方式调用数据库提供的原生程序库(通常由 C++ 实现)。JDBC 的方法调用都会转换成以原生程序库中的相关的 API 调用,如图 2-6 所示。

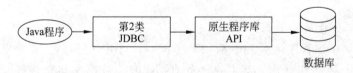

图 2-6　第 2 类 JDBC 驱动示意图

由于使用了原生程序库,所以驱动程序本身与平台相依,没有达到 JDBC 驱动程序的目标之一:跨平台。不过,由于是直接调用数据库原生 API,因此在速度上有机会成为 4种类型中最快的驱动程序。速度的优势在于获得数据库相应数据后,构造相关 JDBCAPI 实现对象,然而驱动程序本身无法跨平台,使用前必须先在各平台进行驱动程序的安装设置(如安装数据库专属的原生程序库)。

第三类:JDBC-Net Driver。这个类型的驱动程序是一个纯粹的 Java 客户程序。该类驱动程序会将 JDBC 的方法调用转换为特定的网络协议(Protocol)调用,目的是与远程数据库特定的中介服务器或组件进行协议操作,而中介服务器或组件与数据库进行连接操作,如图 2-7 所示。

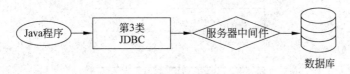

图 2-7　第 3 类 JDBC 驱动示意图

　　由于实际与中介服务器或者组件进行沟通时,是利用网络协议的方式,所以客户端安装的驱动程序可以使用纯粹的 Java 技术实现(基本上就是将 JDBC 调用对应至网络协议),因此这个类型的驱动程序可以实现跨平台。这种类型驱动程序的弹性高,如可以设计一个中介组件,JDBC 驱动程序与中介组件间的协议是固定的,如果需要更换数据库系统,则需要更换中介组件,而客户端不受影响,驱动程序也无须更换。但由于通过中介服务器转换,所以速度较慢,获得架构上的弹性是使用该驱动程序的目的。

　　第四类: Native Protocol Driver。这种类型的驱动程序实现通常由数据库厂商直接提供。驱动程序实现将 JDBC 的调用转换为与数据库特定的网络协议,与数据库进行沟通操作,如图 2-8 所示。

图 2-8　第 4 类 JDBC 驱动示意图

2. ODBC

　　ODBC 与 JDBC 一样,也是一种重要的数据库访问技术。开放式数据库连接(Open DataBase Connectivity,ODBC)最初是 Microsoft 公司为实现 MS Windows 平台上的数据库透明访问而开发的。它以 SQL Access Group(SAG,现属 X/Open)的调用级接口(Call-Level Interface,CLI)为标准应用编程接口。自 1992 年诞生以来,ODBC 得到了数据库产业界的广泛支持。如今,在 Windows、UNIX、OS/2 和 Macintosh 等平台上都有 ODBC 驱动程序和开发工具,各大数据库和工具厂商,包括 Oracle、Sybase、Informix、Computer Associates、IBM、Gupta、PowerSoft、Borland、Microsoft 以及 140 多家应用软件开发商,都在其产品中提供对 ODBC 的支持。

　　ODBC 是一个可以实现本地或远程数据库连接的函数集,提供一些通用的接口(API),以便访问各种后台数据库。开放性只支持关系数据库,但可以支持多种 RDBMS。ODBC 应用程序可通过 ODBC 的 API 访问不同数据源中的数据,每个不同的数据源类型由 ODBC 驱动程序支持,这个驱动程序完成了 ODBC 的 API 程序的核心,并与具体的数据库通信。ODBC 的数据库驱动程序由操作系统的 DLL 文件构成,操作系统的 DLL 文件包括一系列的函数,可以对所有适合 ODBC 驱动程序的数据库类型提供数据库服务。ODBC 驱动管理程序为数据源打开 ODBC 驱动程序并将 SQL 语句传送给驱动程序。它由 3 个部分组成:API、驱动程序管理器和驱动程序,如图 2-9 所示。

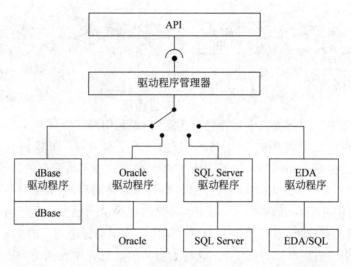

图 2-9　ODBC 系统结构图

API 是应用程序与 ODBC 的接口,即一个函数调用集,由它完成对应用程序所提出的 SQL 语法的检查,以及数据库类型的检查,并将检查后的结果移交驱动程序管理器。

驱动程序管理器根据前端客户的设置确定目标数据库的驱动程序,并加载到 Windows 中执行初始化。

驱动程序处理 API 调用、实现 SQL 请求的传送,也接收数据库的响应、送回前端客户。

3. JDBC 与 ODBC 的比较

JDBC 是由 SUN 公司开发的,它的思想完全基于 Java 语言的特性。用 Java 语言编写成的 Java 程序与数据库的接口规范 JDBC,使 Java 程序可以通过统一标准规范的 JDBC API 与不同的数据库通信。Java 应用软件与数据库的结合及 Java 语言的跨平台特性,使之成为 Internet 和 Intranet 环境下开发数据库应用系统的理想选择方案。

ODBC 的优点在于,应用程序不必知道它所连接的是何种类型的数据库,都可以用标准 SQL 编写客户应用程序,简化了对数据库的访问,为程序的跨平台开发和移植提供了方便。

JDBC 与 ODBC 相比有以下 5 个不同点。

(1) ODBC 提供了 C 接口,因而 Java 不能直接引用。如用 Java 调用 C 代码,则有损于网上运行的安全性和可靠性。

(2) ODBC 的 CAPI 运用了大量的指针,而 Java 消除了指针等认为网上运行不安全的因素且面向对象,因此 JDBC 成为面向对象的接口,并适用于 Java 编程。

(3) JDBC 是"纯 Java"的 ODBC 解决方案,它的好处在于:取代了 ODBC 发布必须在每台客户机上手工安装,而 JDBC 代码在所有 Java 平台上随运行环境自动安装,具有可移植性和安全性。

(4) ODBC 难以学习,而 JDBC 仅是 Java 开发环境的一部分。

(5) JDBC 具有平台无关性,适用性强,可以跨平台与各种数据库连接进行访问;直接访问数据库,避免了服务器传统连接方式中的"瓶颈"现象;由于 Java 语言的多线程控制技术,所以程序的运行效率高。

从功能上看,JDBC 也已经逐步得到广泛的支持,JDBC 为了访问更多的数据库,提供了 JDBC-ODBC 桥扩展其功能。总之,JDBC 保留 ODBC 的基本功能,区别在于 JDBC 充分地利用了 Java 的风格。

2.3.4　FTP

文件传输协议(File Transfer Protocol,FTP)是用于在网络上进行文件传输的一套标准协议,使用客户/服务器模式。它属于网络传输协议的应用层,用于 Internet 上的控制文件的双向传输。同时,它也是一个应用程序(application)。基于不同的操作系统有不同的 FTP 应用程序,而所有这些应用程序都遵守同一种协议,以传输文件。

文件传输协议的原始规范于 1971 年 4 月 16 日发布为 RFC 114。直到 1980 年,FTP 运行在 TCP/IP 的前身 NCP 上。该协议后来被 TCP/IP 版本,RFC 765(1980 年 6 月)和 RFC 959(1985 年 10 月)(当前规范)取代。RFC 959 提出了若干标准修改,如 RFC 1579(1994 年 2 月)启用防火墙 FTP(被动模式),RFC 2228(1997 年 6 月)提出安全扩展,RFC 2428(1998 年 9 月)增加了对 IPv6 的支持,并定义了一种新型的被动模式。

在 FTP 的使用中,用户经常遇到两个概念:"下载"(Download)和"上传"(Upload)。"下载"文件就是从远程主机复制文件至自己的计算机上;"上传"文件就是将文件从自己的计算机中复制至远程主机上。用 Internet 语言来说,用户可通过客户机程序向(从)远程主机上传(下载)文件。

FTP 的传输有两种方式:ASCII 传输方式和二进制传输模式。

1. ASCII 传输方式

如用户正在复制的文件包含简单的 ASCII 码文本,而远程机器上运行的不是 UNIX 操作系统,文件传输时 FTP 通常会自动调整文件的内容,以便把文件解释成远端计算机存储文本文件的格式。

但常常会遇到这样的情况:用户正在传输的文件包含的不是文本文件,可能是程序、数据库、字处理文件或者压缩文件等其他文件格式。在复制上述这些非文本文件前,需要用 binary 命令告诉 FTP 采用逐字复制方式。

2. 二进制传输模式

在二进制传输中,即使目的机器上包含位序列的文件是没意义的,也需要保存文件的位序,以便原始和复制的是逐位对应的。例如,Macintosh 以二进制方式传送可执行文件到 Windows 系统,在对方系统上,此文件不能执行。

如果在 ASCII 方式下传输二进制文件,系统会自动转译,从而造成数据损坏。(在 ASCII 方式中,一般假设每一字符的第一有效位无意义,因为 ASCII 字符组合不使用它。如果传输二进制文件,所有的位都是重要的。)

FTP 支持两种模式：Standard(PORT，主动方式)模式和 Passive(PASV，被动方式)模式。

1) Standard 模式

FTP 客户端首先和服务器的 TCP 21 端口建立连接，用来发送命令，客户端需要接收数据的时候在这个通道上发送 PORT 命令。PORT 命令包含了客户端用什么端口接收数据。在传送数据的时候，服务器端通过自己的 TCP 20 端口连接至客户端的指定端口发送数据。FTP Server 必须和客户端建立一个新的连接用来传送数据。

2) Passive 模式

建立控制通道和 Standard 模式类似，但建立连接后发送 Pasv 命令。服务器收到 Pasv 命令后，打开一个临时端口(端口号大于 1023 小于 65535)并且通知客户端在这个端口上传送数据的请求，客户端连接 FTP 服务器的此端口，然后 FTP 服务器将通过这个端口传送数据。

很多防火墙在设置的时候都是不允许接受外部发起的连接的，所以许多位于防火墙后或内网的 FTP 服务器不支持 PASV 模式，因为客户端无法穿过防火墙打开 FTP 服务器的高端端口；而许多内网的客户端不能用 PORT 模式登录 FTP 服务器，因为从服务器的 TCP 20 无法和内部网络的客户端建立一个新的连接，造成无法工作。

2.3.5 文本

由于生成文本日志系统的成本较低，现有的许多计算机语言中都包含了可以轻松生成基于文本日志的框架。

文本日志主要分为扁平文本文件和索引扁平文本文件。

1. 扁平文本文件

扁平文本文件在许多方面上是一个扁平的无模式文件，可能遵循某种常见模式或自由格式。系统通常会创建一个新日志文件，并持续向其追加写入，直到磁盘空间不足或某个系统进程指示系统开始一个新日志文件并存储当前文件。这种格式倾向于以时间先后排序，最早发生的时间位于文件开始处，最近发生的时间位于文件末尾。使用扁平文本文件长期存储日志数据的显著优势之一是可以使用大量工具阅读和审核这种格式的数据，每个平台都有许多工具可以轻易访问和读取此种格式的文件，如果在未来 5、7 或 10 年需要阅读或审核数据，就需要能够处理和关联时间记录的工具，这一点非常重要。

2. 索引扁平文本文件

扁平文本文件的一个局限性是如何从扁平文本文件中实现快速查询、排序、检索关键元素，以通过这些管理平台发现有意义趋势的能力。此外，随着日志文件迅速跨入 GB、TB，甚至 PB 级别，再使用传统的 grep、awk 和基于文本的搜索工具会让人失去耐心，变成一个极其耗时的过程。索引文本文件是一种从日志文件中组织数据的方式，它使日志的关键元素能被快速查询。许多组织可能在组织成长和开始集中日志信息时，很快发现需要结构生成报表，以及在超出留存周期时销毁日志数据，从而开始采用索引扁平文本日志文件。索引扁平文本文件具备扁平文本文件的许多优点,具备快速数据插入能力,并保持人类可读的数据格式。也有许多旨在生成索引,以加快日志搜索和分析的工具,如 Apache Lucene Core 是较强大的工具之一,它能辅助索引的生成,实现完全的文本搜索日志,并且集成到辅助日志搜索及分析的工具中。

以文本方式收集系统日志,是先前非常流行的方法,主要有两种方式。

(1) 邮件:被动日志收集方式,通过事先在设备内设定好通告触发规则,当符合规则事件发生时,记录下发生事件的具体信息,在某一时间内主动将日志信息以邮件的方式发送给日志接收服务器。

(2) FTP:主动日志收集方式采用事先开发出客户端收集系统,每次抓取日志文本,并以 FTP 的方式传回日志接收服务器。

2.3.6　Web Service

Web Service 是一个平台独立的、低耦合的、自包含的、基于可编程的 Web 应用程序,可使用开放的 XML(标准通用标记语言下的一个子集)标准描述、发布、发现、协调和配置这些应用程序,是用于开发分布式的互操作的应用程序。

Web Service 技术使得运行在不同机器上的不同应用无须借助附加的、专门的第三方软件或硬件,就可相互交换数据或集成。依据 Web Service 规范实施的应用之间,无论它们使用的语言、平台或内部协议是什么,都可以相互交换数据。Web Service 是自描述、自包含的可用网络模块,可以执行具体的业务功能。Web Service 也很容易部署,因为它们基于一些常规的产业标准以及已有的一些技术,诸如标准通用标记语言下的子集 XML、HTTP。Web Service 为整个企业甚至多个组织之间的业务流程的集成提供了一个通用机制。

2.3.7　第三方系统

第三方系统是指系统接入的其他外部设备,日志收集与分析系统能够实现与外部系统的接口,实现与第三方系统的统一门户的集成。接口支持标准的 Portal 标准,同时还支持基于 Web 2.0 的 meshup 技术,实现与第三方系统统一门户基于 URL 的集成。这些接口服务都内置安全机制,包括信息认证、信息加密等。

2.4　日志收集器

日志收集器支持同步到系统服务器,监控日志收集器的状态并能告警;收集器支持自保护能力,防止非授权用户强行终止收集器的运行,防止非授权用户强制取消收集器在系统启动时自动加载,防止非授权用户强行卸载、删除或修改收集器;系统能监视收集器的状态,并在审计日志中记录收集器的状态变更,如启动、终止。只有授权管理员能决定数据传输的启动和终止。当收集器与系统服务器连接出现故障时,收集器具有措施防止日志数据丢失,确保在收集器与系统服务器的连接恢复正常后,收集器能将日志续传到系统服务器上。管理中心可查看收集器的启动时间和停止时间。

大数据应用的普及给日志收集技术带来了新的革命,通过引用各种分布式技术实现对大容量的日志收集功能。

Facebook 就开发了其开源的日志收集系统 Scribe,目前已在 Facebook 内部得到大量的应用,它提出了一个"分布式收集,统一处理"的可扩展、高容错的方案,它通常与Hadoop 结合使用,Scribe 用于向 HDFS 中推送日志,而 Hadoop 通过 Mapreduce 作业进行定期处理。

Flume 是 Cloudera 提供的一个高可用的、高可靠的、分布式的海量日志收集、聚合和传输的系统,Flume 提供了从 console(控制台)、RPC(Thrift-RPC)、text(文件)、tail(UNIX tail)、Syslog(Syslog 日志系统,支持 TCP 和 UDP 两种模式),exec(命令执行)等数据源上收集数据的能力,在不同的客户端收集不同结构的数据,定义各自的一套收集环境。

Chukwa 是一个开源的用于监控大型分布式系统的数据收集系统,同样作为 Apache 的开源项目,是构建在 Hadoop 的 HDFS 和 MapReduce 框架之上的,不仅继承了 Hadoop 的可伸缩性和鲁棒性,还包含了一个强大和灵活的工具集,可用于展示、监控和分析已收集的数据。

国内在日志收集上采用的主要是国外的技术,并且能很好地运用到各自的实际应用中。例如,美团采用 Flume 的日志处理系统收集、处理企业内部的数据。越来越多的公司、科研机构争先参与到对日志收集的研究中,对日志收集技术的发展起到了很大的推动作用。

日志收集的主要对象为服务器日志,对不同类型的服务器日志,执行不同的收集脚本,再将收集的统一格式日志信息存储到索引中,统一存储、使用。日志收集流程如图 2-10所示。

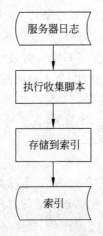

图 2-10　日志收集流程

服务器中记录了服务器上的所有服务和安装在该服务器上的所有应用程序服务,全面记录了这些服务进程每分每秒的状态,如时间、所属服务、跳转地址、进行的操作、记录的状态是正常、错误,还是警告。日志记录了各个时间状态下服务器上进程的运行状况。

当用户通过网页访问服务器内的数据时,会产生访问日志,伴随着记录访问文件位置,也会记录下客户端的一些计算机信息,如客户端的操作系统、浏览器版本、IP 地址等其他信息。

思　考　题

1. 简述日志收集对象有哪些。
2. 概述每种日志收集对象的特点。
3. 概述几种典型日志收集方式的主要内容。
4. 对几种典型的日志收集方式进行比较。
5. 简述日志收集器的流程。

第 3 章

事件归一化

网络系统中由于存在着不同的收集对象以及不同的收集方式,其所收集的日志形式也多种多样,故需要进行归一化处理,为其他模块的计算分析奠定基础。本章将详细介绍事件归一化的原理、方法及效果。通过本章节的学习,达到了解事件归一化的原因、熟悉事件归一化的方法及其效果的目标。

3.1 事件过滤

3.1.1 事件过滤介绍

在日志记录和日志管理的过程中,为减轻管理员审核日志、寻找潜在问题的工作负担,日志分析系统提供自动化机制对原始日志事件进行过滤、规范化和关联,如图 3-1 所示。

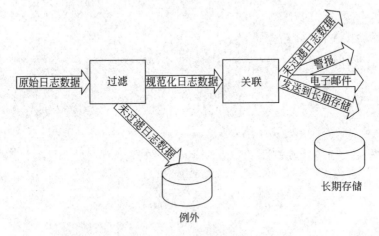

图 3-1 日志事件处理过程

大规模网络通常具有复杂性,再加上各种日志记录的事件具有不确定性,导致各种日志设备产生的日志信息可能不完善,甚至存在某些错误。因此,为了保证日志归一化的准确度和效率,必须对原始日志数据进行过滤操作。原始的日志可能存在下述错误信息。

（1）信息不全面：日志收集与分析系统收集的各种设备日志的某些重要属性值可能缺失，直接处理这些信息毫无意义，应将其过滤掉。

（2）IP 地址错误：很多网络攻击者为了逃避追踪，常常会使用虚假的源 IP 地址，因此需要过滤这类日志信息。当目的 IP 不在检测网络范围内时，应将其过滤掉。

（3）重复记录：对于同一个事件，可能会在短期内产生多条日志记录。

事件过滤是对从不同远程机器上收集的原始日志数据进行分析，保留对管理员关心的日志消息，而将无关的日志消息抛弃，以减少整个系统的负载。在图 3-1 中，事件过滤步骤指向一个例外存储的箭头，例外存储保存着管理员当前不太关心而以后可能会用到的日志消息。

Marcus Ranum 在 1997 年创造了人为忽略（Artificial Ignorance）概念，其核心机制是通过寻找管理员熟悉的日志数据，从而发现管理员尚不知道的事件。它提供了如下 UNIX shell 命令辅助这一过程，其命令如下所示。

```
cd /var/log
cat * | \
sed -e 's/^.*demo//' -e 's/\[[0-9]*\]//' | \
sort | uniq -c | \
sort -r -n >  /tmp/xx
```

在 sed 命令中，"demo"字符串是运行命令的系统名称。其思路是提取这个字符串和日志消息的前导时间戳，以便减少日志数据中的可变性。这条命令对应的输出如下。

```
297 cron: (root) CMD (/usr/bin/at)
167 sendmail: alias database /etc/aliases.db out of date
120 ftpd: PORT
61 lpd: restarted
48 kernel: wdpi0:transfer size=20148 intr cmd DRQ
...etc
```

日志消息前面的数字显示该消息在日志文件中出现的次数，与此同时，日志消息在输出过程中，数字越来越小，表示对应的日志消息出现的频率越来越小。Ranum 的文章中指出，可以将已知的事务放在一个忽略文件中，以便排除它们。

3.1.2　事件过滤使用的方法

数据过滤是按照需求将不完整的、错误的或者无关紧要的数据从日志中删除。将不同远程机器上收集的日志汇总到日志处理服务器上，分析日志中的不同字段，通常日志中包含错误代码、传输协议、IP 地址、进程名、远程地址、用户名、URL、时间等字段。当对某个服务进行监控时，收集它的进程日志，包括系统使用的服务进程日志和用户使用的服务进程日志，但是系统使用的服务进程分析没有意义，所以可以过滤掉这些没有实际应用的元素,其具体流程如图 3-2 所示。

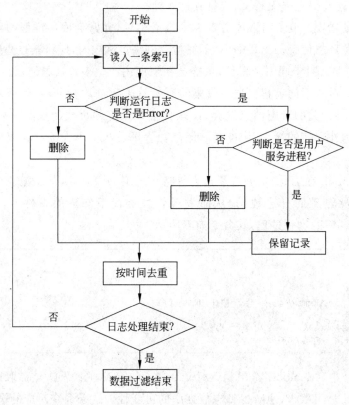

图 3-2 事件过滤流程图

(1) 状态级别识别。通常,运行日志中主要分为 medium、info、error 3 个级别表示程序运行情况,medium 代表正常,info 代表警告,error 代表错误,所以在数据筛选时主要取 error 的日志。

(2) 服务进程识别。在监控的服务进程中,日志存在 processname 字段,可以看到所有的进程日志,需要筛选用户启动的服务进程,如浏览器进程或者 QQ 进程等具体流程。

(3) 日志去重。在实际进行取值的过程中,需要对事件日志进行去重操作,在数万条记录中筛选出最新的、最有价值的日志信息,进行后续操作,从而缩小日志范围。

除了上述根据日志的标志字段进行事件过滤以外,还可以通过检查日志记录中每个属性的存储格式,以及检查其实际内容是否符合规范对事件进行过滤,如空缺值,识别、删除孤立点,删除某些重复记录,对属性值的有效性进行检验等。

1. 空缺值

对空缺值的处理即如何为该属性填补上空缺的值。在空缺值的处理上,一般采用如下方法:

(1) 除非元组有多个属性缺少值,一般情况下忽略元组。

(2) 人工填写空缺值。一般来说,该方法很费时,并且当数据集很大、空缺值数量较大时,该方法行不通。

(3) 使用一个全局变量填补空缺值:将空缺的属性值用同一个常数(如"Unknown"或 $-\infty$)替换。如果空缺值都用"Unknown"替换,程序可能误以为它们形成了一个有趣的概念,因为它们都具有相同的值"Unknown"。因此,虽然该方法简单,但一般不使用。

(4) 使用属性的平均值填充空缺值。例如,假定企业顾客平均收入为 2000 元,则用该值替换收入属性中的空缺值。

(5) 使用与给定元组属同一类的所有样本的平均值。例如,将顾客按信用风险分类,用具有相同信用度的顾客的平均收入替换收入属性中的空缺值。

(6) 使用最可能的值填充空缺值。可以用回归、贝叶斯形式化方法工具或判定树归纳等确定空缺值。例如,利用数据集中其他顾客的属性,可以构造一棵判定树,预测收入这个属性的空缺值。

方法(3)~(6)使数据倾斜,填入的值可能不正确。其中方法(6)是最常用的方法,与其他方法相比,它使用现存数据的多数信息推测空缺值。在估计收入属性的空缺值时,通过考虑其他属性的值,有更大的机会保持收入和其他属性之间的联系。

2. 重复数据

检测和消除重复记录的问题是数据清理和数据质量领域研究的主要问题之一。在归并多源异构日志数据的过程中,需要从各种数据源导入大量的数据。理想情况下,对于现实世界中的一个实体,数据源中应该只有一条与之对应的记录。但在对异构信息表示的多个数据源进行集成时,由于实际数据中可能存在数据输入错误,格式、拼写上存在差异等各种问题,导致不能正确识别出标识同一个实体的多条记录,使得逻辑上指向同一个现实世界的实体在归并后的数据中可能会有多个不同的表示,即同一实体对象可能对应多条记录。

重复数据会导致错误的归并模式,因此有必要去除数据集中的重复数据,以提高后续归并的精度和速度。每种重复记录检测方法都需要确定是否有两个及以上的实例表示的是同一实体。有效的检测方法是对每一个实例都与其他实例进行对比,从而发现重复实例。然而,这种方法虽然效果最好,但其计算复杂度为 $O(n^2)$(n 为数据集中的记录数)。这种方法效率不高,并且费时、费力,现实中一般不采用。

为了从数据集中检测并消除重复记录,首要的问题是如何判断两条记录是否是重复的。这就需要比较记录的各对应属性,计算其相似度,再根据属性的权重进行加权平均后得到记录的相似度,如果两条记录的相似度超过了某一阈值,则认为两条记录是匹配的,否则认为这两条记录是指向不同实体的记录。

排序合并方法是检测数据库中完全重复记录的标准方法。它的基本思想是,先对数据集排序,然后比较相邻记录是否相等。这一方法也为在整个数据集上检测重复记录提供了思路,目前已有的检测重复记录的方法也大多以此思想为基础。目前采用的比较普遍的算法是基本邻近排序算法(Basic Sorted Neighborhood Method,SNM)。该算法的思想是,将数据集中的记录按指定的关键字(key)排序,然后在排序后的数据集上移动一个固定大小的窗口,只检测窗口内的记录,并判定它们是否匹配,以此减少记录的比较次数。但使用这种方法,时间与空间开销太大,所以在删除重复记录方面,目前研究最多的是基于距离的识别算法,如声音距离、编辑距离、输入距离等。

3. 噪声数据

噪声是一个测量变量中的随机错误或偏差。噪声数据的出现可能有多种原因。噪声数据的存在,使得数据不在规定的数据域内,从而会影响后面的挖掘效果和结果。关于如何能够去掉数据中的噪声,有如下 4 种方法。

(1) 分箱(binning):分箱法是通过考察"邻居"(即周围的值)平滑存储数据的值,即存储的值被分布到一些"桶"或箱中。由于分箱法参考的是邻居数据,因此它进行的是局部平滑。

(2) 聚类(clustering):孤立点可以被聚类检测。聚类将类似的值组织成群或"聚类"。那些落在聚类集合之外的值则被视为孤立点。

(3) 计算机与人工检查结合:可以通过计算机和人工检查结合的方法识别孤立点。

(4) 回归(regression):可以通过让数据适合一个函数如回归函数平滑数据。线性回归涉及找出适合两个变量的"最佳"直线,使得一个变量能够预测另一个。多线性回归是线性回归的扩展,它涉及多于两个变量,数据要适合一个多维面。使用回归,找出适合数据的数学方程式,能够帮助消除数据中的噪声。

4. 不一致数据

不一致数据产生的主要原因是系统和应用造成的数据类型、格式、制式、粒度和编码方式等,另外还有错误的输入、硬件或软件故障、不及时更新造成的数据库状态改变等。过滤的方法主要在分析不一致性数据产生原因的基础上,应用多种变换函数、格式函数、汇总分解函数库实现清理。

在数据过滤的各种问题中,多数据源归并以及其他各种原因造成的重复信息是最关键的问题之一。

3.2 归一化的原因

随着信息技术的不断发展,网络系统中诸如操作系统、网络设备、应用系统等日志收集对象的功能和性能不断完善和加强,各种设备或系统产生的日志数量呈指数级增长趋势。由于日志收集对象和收集方式多种多样,加上网络系统中的设备往往来自于多个不同厂商,这些厂商指定的日志格式各不相同,这给日志审计系统的分析工作带来了不小的问题。与此同时,随着日志量越来越大,如果不能及时快速地处理各种格式的日志,势必影响审计系统对这些日志数据的处理分析,从而影响审计平台的工作效率,不利于维护网络的安全和稳定。

目前,各系统间的数据库在体系结构、数据类型和操作方法上存在异构,需要进行数据转换,才能实现数据的发布与共享。而且数据在各数据源间进行转换,不是简单地从源数据库中提取某个表数据直接存入目标数据库,而是相当复杂的过程,需要考虑多方面的问题,归纳起来有以下 4 点。

(1) 从数据库中提取数据是复杂的。需要提取的数据是多表融合的数据,需将不同表字段值合并为一个字段值(或重命名字段);或取某字符字段值的子字符串;或需对某些数据进行较高层次的聚集,如对某数值字段的平均。

(2) 存在多个输入数据源。待转换的数据一般来自不同数据源中的不同表,这就要求数据与数据源的对应关系逻辑上很清楚,以便从正确的数据源提取正确的数据。

(3) 源数据库的键及其他约束在目标数据库中可能改变。将多表数据融合后,原来的约束常常改变,目标数据库中的新约束与待转换数据是否矛盾,需要仔细考察和妥善解决。

(4) 源数据与目标数据类型的转换问题。不同的数据库系统的数据类型不同,在将数据存入目标数据库时需要做类型的转换。

这些问题使得关系数据库之间的数据转换变得复杂,需要研究合适的策略完成转换,提高数据的共享程度。

日志归一化将不同格式的原始日志归一化为一种具有统一格式的日志,为其他模块集中处理日志奠定基础。因此,为了方便其他模块对日志数据的利用,提高日志审计系统的审计效率,必须在对日志进行数据挖掘前来自各个设备的原始日志进行归一化预处理,在审计前统一各种日志格式,提高日志数据的质量。

3.3 归一化的方法及效果

3.3.1 归一化的方法

事件过滤的下一步骤是事件归一化。在这一过程中,获取原始数据,并将其各个元素(源和目标 IP 等)映射到一个公共的格式。归一化过程中的一个重要的步骤是分类,也就是将日志消息转换为更有意义的信息块。归一化原始日志消息的基本步骤表示如下。

- 获取过滤后的原始日志消息。
- 阅读原始日志数据形式及每个字段的说明。
- 数据转换和数据归并,提出格式化数据所用的对应的解析表达式,大部分日志分析系统利用正则表达式解析数据。
- 在样本原始日志数据上测试解析逻辑。
- 部署解析逻辑。
- 存储。

不管归一化事件使用的最终存储机制是什么,最终都需要保留一些通用的字段,这些字段包括源和目标 IP 地址、源和目标端口、分类学、时间戳、用户信息、优先级和原始日志。

源和目标 IP 地址：在后续关联分析过程中非常有用。

源和目标端口：用于理解哪些服务试图访问或者被访问。

分类学：分类学是分类和编码日志消息含义的一种手段。例如，所有设备供应商都生成某种消息日志。这些消息通常映射到登录成功、失败、尝试等。

时间戳：在日志数据的世界中，我们通常关心两类时间戳，即日志消息在设备上生成的时间和日志记录系统接收日志消息的时间。

用户信息：如果提供了这个信息，捕获它们（如用户名、命令、目录位置等）往往是很好的事情。

优先级：有些日志消息自身包含了某种优先级。这显然是供应商对日志消息优先级的评估，但可能和管理员的实际情况不相符。所以，作为归一化工作的一部分，必须理解特定日志消息对其所处环境的影响。典型的优先级是低、中、高。

原始日志：作为归一化过程的一部分，应该保留原始日志数据。这用于确保归一化事件的有效性。另一个用例是日志留存，可以将保存原始日志作为事件归一化的一部分，或者将其保存在磁盘上，提供一种从归一化事件中"取回"原始日志消息的手段。

但是，由于日志收集器收集的日志来自于整个系统中的各个不同的设备，各系统间的数据库在体系结构、数据类型和操作方法上存在异构，需要进行数据转换，才能实现数据的发布与共享。目前异构数据源间数据转换的主要方法有以下 3 种。

(1) 基于软件工具的转换方法。数据库管理系统一般都提供将外部文件数据转移到本身数据库表中的数据装入工具，如 Oracle 提供的将外部文本文件中的数据转移到 Oracle 数据库表的数据装入工具 SQL＊Loader，利用这些软件工具可简单、快速地实现数据转换。但这种数据转换程序是特定的、专用的，要求目的数据库必须是转换工具对应的数据库，且多用手工方式进行转换，数据更新时会带来不同步的问题，即使人工定时运行转换程序，也只能达到短期同步，对应转换的数据库类型也不多。

(2) 基于中间数据库的转换方法。在两个具体的数据库之间转换时，依据关系定义，从源数据库中读出数据，通过中间数据库写入目的数据库中。这种方法所需的转换模块少，且扩展性较强，实现过程复杂，转换时需要大量的空间。

(3) 基于数据库组件的转换方法。利用 Delphi 等数据库应用程序开发技术，通过源数据库与目的数据库组件存取数据信息，实现直接转换。但若源数据库与目的数据库对应的数据类型不相同，必须先进行类型的转化，然后双方才能实施赋值。

上面讲述了数据转换的几种方法。数据转换的主要内容有如下 5 个方面。

1) 简单变换

简单变换主要是指数据类型转换，转换源数据库表中的某些字段类型、长度以及 NULL 约束。这类变换通常不用改变数据源中的数据值。这类变换的实现比较简单，可以与数据加载到数据仓库的过程同时进行，而无须单独进行操作。其关键在于对目的数据仓库的表的结构的定义。

2）日期、时间格式的转换

因为大多数业务环境都有许多不同的日期和时间类型，所以几乎所有数据转换的实现都必须将日期和时间变换成数据定义的规范格式。

3）由编码到名称的转换

业务数据库中为了节省数据库存储空间，常常使用数据库使用者都熟悉的编码代替复杂的表示方式。有时在不同的业务环境中，使用的编码可能不一致。因此，为了使转换后的数据能够被大多数用户理解，同时为了决策分析的需要，转换后的数据一般不以编码方式存放。在数据转换之前，根据编码从代码表中查到对应的文字描述（名称），使用该文字描述代替编码。例如，业务数据库中最常见的编码就是性别编码，用"T"或逻辑常量".T."表示男，用"F"或逻辑常量".F."表示女，这样的表示在数据转换中应尽量避免，可统一使用人们易于理解的"男"和"女"表示。

4）字段值合并

将元数据库中的多个字段值合并成一个字段的值加载到数据仓库中，该类操作主要针对文本类型字段。

5）字段值拆分

字段值拆分是合并字段的逆过程。将元数据库中的一个字段值拆分成多个字段的值进行转换。因为数据经常需要按地区维、时间维进行统计分析。

数据归并将多个数据源中的数据结合起来存放在一个一致的数据存储中。归并数据时，需要考虑如下问题。

（1）模式归并：来自多个信息源的现实世界的实体如何才能"匹配"，这涉及实体识别问题。例如，数据分析者或计算机如何才能确信一个数据库中的 customer_id 和另一个数据库中的 cust_number 指的是同一个实体。通常，数据库有元数据（关于数据的数据）。这种元数据可以帮助避免模式集成中的错误。

（2）冗余：如果一个属性能由另一个表导出，那么它就是冗余的。属性或维命名的不一致可能导致数据集中的冗余，可以用相关分析检测。

（3）数据值冲突的检测与处理：对于现实世界的同一实体，由于各自表示、比例或编码不同，导致这些来自不同数据源的属性值也可能不同。将多个数据源中的数据集成起来，能够减少或避免结果数据集中数据的冗余和不一致性。

综上所述，日志归一化从原始日志池或者磁盘缓存文件中读取原始日志，首先进行数据转换和数据归并，通过解析原始日志的特殊字段，得到不同的原始日志来源，选择相应的规则文件，对原始日志进行归一化的任务，其具体流程如图 3-3 所示。

如图 3-3 所示，归一化模块不停地从原始日志池

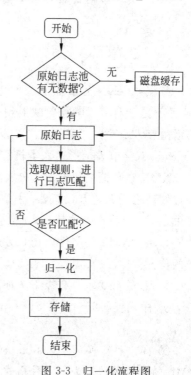

图 3-3　归一化流程图

中获取原始日志,并将其构造成日志归一化任务,交由多线程执行器异步执行。如果原始日志池中已没有原始日志,则调度器将尝试从磁盘上的缓存目录中获取先前保存下来的任务,然后交由多线程执行器执行。而后,从多个格式的规则配置文件中取得信息并将其赋给规则对象类,构造规则池。从规则池中读取一条规则,用该规则的正则模式匹配原始日志。如果匹配,就用该规则对该原始日志进行归一化。如果不匹配,则取下一条规则进行尝试。在对原始日志进行归一化时,首先依据归一化规则产生一条临时日志,然后再根据临时日志产生一条归一化日志,放入归一化日志池中并进行存储,从而实现整个系统日志的归一化。

针对日志的归一化预处理,当前主要采用可扩展标识语言(Extensive Markup Language,XML)规则对原始日志进行重新构造,产生新的 XML 格式日志,进一步转化为二进制的 XML 格式日志,不仅提高了审计效率,更减少了日志的存储容量。下面对 XML 格式作简要介绍。

XML 是一种新的 Internet 异构环境中的数据交换标准,它与使用 HTML 标签描述外观和数据不同。XML 严格地定义了可移植的结构化数据,其应用范围从最早的 Web 信息描述,到现在成为开放环境下描述数据的开放标准,具有自描述性、可扩展性、层次性、异构系统间的信息互通性等特征。它能够使各种不同来源的结构化数据很容易地结合在一起,并以统一的格式表示各种数据源,从而实现各种数据的集成管理。XML 规则定义数据文件中数据字段的格式和结构,并将这些数据字段映射到单个目标表中的相应列。

XML 的基本格式如下。

```
<record>
    <field…/> […n]
< /record>
```

每个<field>元素都说明了特定数据字段的内容。一个字段只能映射到表中的一列,并不是所有字段都需要映射到列。数据文件中字段的长度可以是固定的或可变的,也可以由字符结尾。"字段值"可以表示为字符(使用单字节表示形式)、宽字符(使用 Unicode 双字节表示形式)、本机数据库格式或文件名。

XML 在数据描述方面十分灵活,扩展性强,而且具有良好的结构和约束机制,数据经过处理之后表达方式简单、易读,同时也易于由其他应用进行进一步的加工和处理。正是由于 XML 具有上述特点,所以它正逐步成为在因特网环境中进行数据交换的标准和中间介质。XML 的文件以树状方式存储,同时里面的元素都有各自的属性,具有面向对象的特性。

XML 的重要术语有以下 7 种。

① 样式表(eXtensible Stylesheet Language,XSL):描述 XML 的元数据文件格式的语言。

② 样式表转换(eXtensible Stylesheet Language Transformation,XSLT):负责将 XML 的源代码转换为另一种格式。

③ 文档类型定义(Document Type Definition,DTD):对 XML 文件进行格式上的定义和规范。用 DTD 确定为正确的 XML 文档称为有效 XML。

④ XML 组织结构(XML Schema):也是一种用来规范 XML 文档的组织结构,与 DTD 具有异曲同工的作用,由于有其自身的优越性,所以有取代 DTD 的趋势。

⑤ XLink:XML 中的链接语言。

⑥ 文档对象模型(Document Object Model,DOM):在应用程序中,基于 DOM 的 XML 分析器将一个 XML 文档转换成一个对象模型的集合(通常称 DOM 树)。

⑦ SAX(Simple APIs for XML):XML 简单应用程序接口。

其中,DTD(XML Schema)、XSL 和 XLink 为 XML 的三要素。

为了确保 XML 文档具有较强的易读性、易检索性和清晰的语义,XML 文档必须有严格的形式规范,以适应各种具体的应用。首先,XML 文档必须符合 XML 语法限制,术语称为"well-formed XML";其次,为了使 XML 表示的数据有一定的含义,还需要根据应用为其定义语义上的限制,术语称为"validating XML"。"well-formed XML"是容易验证的,而"validating XML"还需要另一个关联的文档定义 XML 标记规范。XML 文档定义主要有 DTD 与 Schema 两种。下面以一个简单的例子描述这两种结构的区别。

例如,一个简单的 XML 文档如下。

```
<日志>
<日期>2010.9.5
<事件描述>HTTP 访问 404 错误
```

如果用 DTD 的形式定义该 XML 文档结构,则可以如下所示。

```
<!ELEMENT 日志(2010.9.5,HTTP 访问 404 错误)>
<!ELEMENT 日期(♯PCDATA)>
<!ELEMENT 事件描述(♯PCDATA)>
```

如果用 schema 形式定义,则格式如下。

```
<element name='日志' type='日志类型'/>
<complexType name='日志类型'/>
<element name='日期' type='date'/>
<element name='事件描述' type='string'/>
</complexType>
```

XMLDTD 是近几年来 XML 技术领域使用的最广泛的一种模式。但是,由于 XML DTD 并不能完全满足 XML 自动化处理的要求,例如不能很好地实现应用程序不同模块间的相互协调,缺乏对文档结构、属性、数据类型等约束的足够描述等,所以 W3C 于 2001 年 5 月正式推荐 XML Schema 为 XML 的标准模式。与 DTD 文档相比,Schema 文档具有以下优点。

① XML 用户在使用 XML Schema 的时候,不需要为了理解 XML Schema 而重新学习,节省了时间。

② 由于 XML Schema 本身也是一种 XML,所以许多的 XML 编辑工具、API 开发包、XML 语法分析器可以直接应用到 XML Schema,而不需要修改。

③ 作为 XML 的一个应用,XML Schema 理所当然地继承了 XML 的自描述性和可扩展性,这使得 XML Schema 更具有可读性和灵活性。

④ 由于格式完全与 XML 一样,XML Schema 除了可以像 XML 一样处理外,也可以同它所描述的 XML 文档以同样的方式存储在一起,方便管理。

⑤ XML Schema 与 XML 格式的一致性,使得以 XML 为数据交换的应用系统之间也可以方便地进行模式交换。

⑥ XML 有非常高的合法性要求,XML DTD 对 XML 的描述往往也被用作验证 XML 合法性的一个基础,但是 XML DTD 本身的合法性却缺少较好的验证机制,必须独立处理。XML Schema 则不同,它与 XML 有同样的合法性验证机制。

在 Schema 的帮助下,可以从关系数据库或对象数据库中移出数据或把数据送往目标数据库。甚至可以用适当的 Schema 利用 XML 作为中间格式转换不同的数据格式。利用 Schema 的这个特点,可以实现各种基于 XML 的数据传输应用。

在日志审计系统中,日志收集中心收集到的日志数据包含多种形式,对于数据挖掘来说,各种日志数据格式的整理显然会耗费很多时间。把日志数据转换为格式存储将大大减小数据挖掘的复杂性,以方便后续程序的分析与处理,提高审计效率。XML 作为一种元标记语言,还有一个突出的优点是允许程序开发人员根据不同日志的格式特点,灵活动态制定相应的规则,生成不同日志的格式规则,而不用重新设计。所以,实现对多源异构日志数据的归一化主要使用基于 XML 的数据转换技术。其转换流程图如图 3-4 所示。

如图 3-4 所示,对多源异构日志数据进行转换分为设计模块和实现模块两部分。

1) 数据转换设计模块

数据转换设计模块包括设计 XML 文档格式、生成 Schema 文件、利用 XMLBean 将 Schema 中的元素生成 Java 类 3 个部分。

(1) 设计 XML 文档格式。多源异构日志具有数据种类不一致、数据类型不统一的特点。对多源异构日志进行数据归并,首先需要进行数据转换,将多源异构日志数据转换成数据种类一致、数据类型统一的 XML 文档。在设计 XML 文档格式时,需要按照各个日志数据之间的逻辑关系分层次、按结构设计。

(2) 生成 Schema 文件。根据 XML 文档格式,利用 XML Schema 设计工具生成 Schema 文件。Schema 文件是按照 SAIM-Message 中的元素层次结构组织的。首先是对顶级元素 SAIM-Message 进行描述,包括该元素功能性描述、元素属性描述、子元素概要描述。接着对 SAIM-Message 的子元素 Alert、Heartbeat、Monitor、RespQuery 按类似方

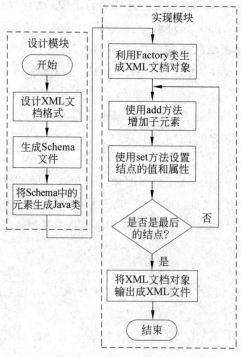

图 3-4 多源异构日志数据转换流程图

法分别逐层展开描述。其中，Alert、Heartbeat 元素基本与 IDMEF 中的对应元素相同，只是根据多源日志模型的自身需要在某些地方略作改动。元素功能性描述是对该元素的功能进行简要描述。元素属性描述是对该元素属性的出现与否、数据类型、含义进行简要描述。子元素概要描述是对子元素的出现次数、含义进行简要描述。

属性和元素出现次数使用如下标记。

{0..1}表示出现零次或一次，即表示可有可无。

{0..＊}表示出现零次或多次，如果是多次，每次的取值可以不一样。

{1..1}表示出现且仅出现一次。

{1..＊}表示出现一次或多次，如果是多次，每次的取值可以不一样。

（3）利用 XMLBean 将 Schema 中的元素生成 Java 类。XMLBean 是一种可以将 Schema 文件映射成 Java 类库的工具。XMLBean 拥有可执行规范的能力。它提供在架构和 Java 类型间的自动映射。对开发者来说，这意味着设计不需要转化成 Java 的实现。数据模型或对象的设计完全可以在架构规范中完成；XMLBean 自动把架构类型和它们之间的关系转换成 Java 对象及其关系。当 Java 应用程序接收到遵守给定架构的 XML 文档时，XMLBean 创建相应的 Java 实例。实例是直接在底层文档上创建的，因而原文档不会有任何损失。当 Java 实例被修改，XMLBean 修改文档以保持二者的同步。因此，Java 对象和 XML 文档是相同的。

XMLBean 用面向对象的观点对待和处理 XML 数据，同时又忠实于该 XML 数据对应的 XML 结构和 Schema。Hibernate 已经成为目前流行的面向 Java 环境的对象/关系数据库映射工具。在 Hibernate 等对象/关系数据库映射工具出现前,对数据库的操作是通过 JDBC 实现的。对数据库的任何操作,开发人员都要自己写 SQL 语句实现。对象/关系数据库映射工具出现后,对数据库的操作转成对 JavaBean 的操作,极大方便了数据库开发。XMLBean 就是一个类似的工具能够实现将对 XML 的读写转成对 JavaBean 的操作。将关系模式中的字段映射为 XML 数据中的简单元素、元素的属性;表与表的关联映射为 XML 数据中的元素之间的相互关系(Java 的类中);数据映射为面向对象模型的类对象。

XMLBean 是真正的下一代 Java 数据对象。通过高性能、开放源代码的实现,克服了将 XML 和 Java 一起使用的困难。此外,它提供了有效性检验和可执行规范的功能。通过保持 XML 文档和 Java 对象的同步,XMLBean 提供了面向服务开发所需的 Java 和 XML 的结合。

2) 数据转换实现模块

该模块将 XMLBean 转换出的 Java 类库文件导入 Java 中,在 Java 环境下编程操作 Schema 中的数据。

(1) 用 XMLBean 读取 XML 文件。要读取某一个符合 transfer. xsd 的 XML 文件,可使用如下语句:MyFriendsDocument fldoc:MyFriendsDocument. Factory. parse (xmlFile),其中,MyFriendsDocument 是 XMLBean 自动生成的类,它代表这个 XML 文档。

(2) 用 XMLBean 生成 XML 文件。用 XMLBean 生成的 XML 文档都符合特定的 Schema,可以使用下面的语句生成某一个文档。首先利用工厂类生成一个新的 XML 文档对象 MyFriendsDocument mfdoc:MyFriendsDocument. Factory. newInstance();这个 mfdoc 对象代表了一个空白的 XML 文档,然后需要增加新的根元素,之后增加节点,设置节点的值和属性。

通过 XMLBean 和 Java 的结合,可以轻松读写 XML 文件,实现对多源异构日志的数据转换。

3.3.2 归一化的效果

日志数据源种类的多样性使得每种日志的格式、含义和特征等不尽相同,因此每种日志数据源要采用相应的解析方法,就需要了解每种日志的含义和特性,制定相应的规则库。

以下是一些事件归一化的示例。

1. IP 地址验证

发现 IP 地址往往很重要,通常通过如下表达式实现。

```
\d+\d. \d+\. \d+\. \d+
```

可以看出,该正则表达式能够捕获 IP 地址(如 10.0.3.1),但是也会捕获到无效的 IP 地址(如 300.500.27.900)。提出一个匹配 IP 地址的正则表达式的关键是不仅要检测到 4 个用句点隔开的数字,还要确保每个八进制数在正确的范围内。下面的正则表达式将验证 IP 地址。

```
^([01]?\d\d?|2[0-4]\d|25[0-5])\.([01]?\d\d?|2[0-4]\d|25[0-5])\.
([01]?\d\d?|2[0-4]\d|25[0-5])\.([01]?\d\d?|2[0-4]\d|25[0-5]) $
```

但是,这个表达式将会检测 IP 地址 0.0.0.0,某些网络类型会认为它是无效的。某些安全系统将伪造 IP 地址报告为 0.0.0.0,所以检测这个 IP 在某些情况下是有效的。

2. 正则表达式

设计正则表达式时除了需要针对不同的消息设计不同的正则表达式进行解析外,在设计正则表达式的时候还需要考虑正则表达式的性能因素。

因为正则表达式基于计算机科学中的非确定性有限自动机(Non-deterministic Finite Automata,NFA)的概念,所以它可能会影响当前执行任务的性能。例如,如果希望从许多正在规范化的日志消息中提取一个子串,可以编写一个正则表达式提取所需要的文本,常见的情况是知道字符串出现在消息的哪个位置但是又不完全确定,使用正则表达式就很有用。具体示例可以参考以下 Perl 脚本。

```
#/usr/bin/perl
my $text="I would like to get the following IP address: 10.0.0.2";
for(my $a=0; $a<100000; $a++)
{
    my($IP)=$text=~m/: (.*)$/;
}
```

在知道 IP 地址出现在冒号之后,可以编写一个正则表达式,捕获冒号后的所有字符。因为正则表达式两边是圆括号,Perl 将在数组中返回它所匹配的项(如果有),这也就是运行脚本时使用“my($IP)=...”的原因,下面是上述脚本对应的输出结果。

```
$time ./regex.pl
real 0m0.727s
user 0m0.724s
sys 0m0.003s
```

执行这个正则表达式 100 万次花费的时间(0.727s)低于 1s,说明这个程序的性能较好,但是还有一种方法可以获得更好的性能,且完全不用涉及任何正则表达式。Perl 有一个 substr()函数,可以指定偏移位置,从文本字符串中返回子串。根据这种思路,可以得到以下修改后的脚本。

```
#!/usr/bin/perl
my $text="I would like to get the following IP address: 10.0.0.2"
for (my $a=0; $a<100000; $a++)
{
    $IP=substr $text. 46;
}
```

已知 IP 地址在偏移位置 46,所以现在使用 substr(),运行时,得到如下结果。

```
$time ./substr.pl
real 0m0.103s
user 0m0.100s
sys 0m0.003s
```

运行时间(0.103s)比正则表达式好得多,这是因为 substr()直接到达我们所需的位置。它没有必要搜索字符串进行模式匹配。使用 substr()只适合于要提取的数据总是出现在字符串中同样偏移位置的情况,但是在实际处理中,供应商可能使用许多不同的事件格式,IP 地址和端口等内容往往出现在消息的不同位置。

思 考 题

1. 简述事件过滤的作用。
2. 了解事件归一化的原因。
3. 简述事件归一化使用的方法。

第 4 章 日 志 存 储

4.1 概述

不同信息源的日志信息经过收集、归一化处理步骤之后,需要对日志信息进行合理存储。日志的存储是进行日志审计分析的基础。目前一些中小型企业留存的日志记录已经增长到 TB 级别,甚至是 PB 级别,面对大数量级的日志数据,日志的存储策略和存储方式对后续日志的分析有着重要的影响。本章主要介绍日志的存储策略以及日志数据的常用存储方式,如在线存储、近线存储和离线存储。通过本章的学习,达到了解日志存储方面的知识和相关技术的目标。

4.2 日志存储策略

日志数据主要根据数据的存储格式、日志数据所需存储空间、日志数据检索速度、存储所需成本等需求策略进行存储。本节首先介绍日志数据的存储格式,主要有基于文本的日志文件存储、二进制文件存储以及压缩文件的存储。接着介绍综合存储日志所需的空间的大小和检索速度,可分为本地数据库存储和以 Hadoop 存储为代表的分布式存储策略。

4.2.1 日志存储格式

网络设备、应用程序以及操作系统会产生多种不同的日志格式,在许多情况下,日志通常会被存储为基于文本、二进制或者压缩文件的格式。不同的存储格式采用的存储策略也不相同。

基于文本的日志记录是目前最丰富的日志类型,具有成本低、易于生成的优势。具体优点如下。

- 应用程序写入基于文本的日志文件,从 CPU 以及 I/O 资源来说代价很低。
- 文本格式是典型的便于人们理解、可读的格式,可用常规文本工具(如 grep 和 awk 都是各种 UNIX/Linux 操作系统变种的固有工具)处理和查阅。
- 许多常见的基于文本的日志格式已经存在,如 Syslog,使得运营和安全团队易于使用一种通用方法解析日志,构造一个更完善的日志管理系统。

基于二进制日志文件是应用程序生成的机器可读的日志文件,需要专有的工具或者程序阅读处理它们。在各种环境中较常见的二进制日志文件包括 Windows 事件日志和 Microsoft Internet 信息服务日志。另外,在使用大型主机或定制应用程序的诸多环境下,日志文件也可能编码为二进制或机器特定格式,如广义二进制编码的十进制交换码,在 Intel 和 PC 硬件平台需要工具去解码和阅读。二进制日志文件的长期存储会给使用者带来诸多挑战,在存储和留存二进制日志文件的原生格式前需要考虑如下问题。

- 未来 5 年甚至 10 年后阅读二进制日志所使用工具的可用性。从现在开始的 10 年内,保留一台专用读取二进制日志的服务器,并进行取证分析,几乎是不可能的。

- 二进制日志文件在磁盘空间利用上非常高效,但是无法进行很大的压缩。二进制日志文件经过压缩之后的大小大约是原文件的 90%。相比之下,基于文本的文件压缩后仅占原文件的 10%左右。与文本文件日志记录相比,二进制文件所需的存储空间比较大。

大部分生成日志的系统一般会在日志增长到指定大小时,在一个周期内形成一个新的日志文件。之前的日志文件通常会重命名,并以未压缩格式存档于系统硬盘中,以便使其易于访问和查询。基于压缩文件的存储格式会对每个周期的日志文件进行压缩,压缩成一个新的日志文件,这样可以使得日志所占的磁盘空间越来越小,从而节约宝贵的存储空间。在系统中压缩日志文件就是解决这种需求并节省宝贵磁盘空间的一种机制。目前在 UNIX/Linux 系统中有许多标准工具都有等价的压缩工具集,如 tar 和 zip 格式。

4.2.2　关系数据库存储策略

日志数据是由网络系统内部的运行程序产生的,记录着系统运行的状况是否正常。记录下的日志可用来检查系统发生错误的原因,或用来查找当受到入侵时入侵者留下的线索,从而使系统能正常运行。目前许多企业将日志写入关系数据库中,对需要的信息进行检索、查询和备份,并且便于日志审核过程中可视化工具对数据的调用。除此之外,日志数据还可以实时地检测系统状态、了解系统运行情况、挖掘用户需要的统计信息,如网站的访问量、最受欢迎的网站、网站地区访问量等。

然而,目前日志分析研究多集中在如何挖掘数据,而对如何存储海量数据的研究相对较少。主要原因在于很多日志分析系统采用了关系数据库存储策略,如商用的 Oracle 数据库、免费的 MySQL 数据库。

关系数据库是建立在关系数据库模型基础上的数据库,借助于集合代数等概念和方法处理数据库中的数据。其内容主要包括:

- 关系的数据结构:单一的数据结构——关系,也就是说现实世界的实体以及实体间的各种联系均用关系表示;数据的逻辑结构二维表,从用户的角度看,关系模型数据逻辑结构为一张二维表。

- 关系操作集合:查询包括选择、投影、除、并、交、差和连接;数据的更新包括插入、删除和修改。其中的查询是最主要的部分。

- 关系完整性约束：包括①实体完整性，由关系系统自动支持；②参照完整性，早期的系统不支持，目前大型的系统都能自动支持；③用户定义的完整性，反映了应用领域要遵守的约束条件，体现了具体领域中的语义约束，用户定义后由系统支持。

目前主流的关系数据库有甲骨文的 Oracle、IBM 的 DB2、微软的 SQLServer 以及免费的 MySQL 等。

存储日志到数据库时最关键的问题是"存储什么"。当使用关系数据库作为集中存储以及日常审核分析时，应该保留所有的日志条目以及数据库的日志字段。对于不通用的二进制或应用程序日志来说，要想在数据库中维护日志数据，需要编写自己的使用工具、开发自己的数据库模式。良好的分析以及尽量保存所有字段，能避免在审核系统关键漏洞时发现缺少分析所需的关键信息。

从日志安全或基础设施角度来说，网络安全日志的数据量太过庞大、臃肿。在这种情况下，以下信息通常被存入关系数据库中，以便分析系统和生成报告。

(1) 头信息。通常包括某事件发生的时间戳以及事件涉及的 IP 地址，单独存储这些信息在构建信息、确定主机虚报、漏报以及系统时间的联系时非常有用。

(2) 消息体。通常就是事件的消息，在数据库中存储这些消息主要用来构建实时报警系统。例如，可以快速查询和报告频繁出现登录失败时消息的情况。

(3) 分析和总结。自定义脚本和工具可能被各个系统使用，以确定整体事件走向并对结果进行总结。将这些分析存入数据库可以简化这个企业或者系统的分析报告，并在较低存储能力的数据库和可伸缩性需求的情况下，简化组织的集中审计和摘要报告。

关系数据库中，在定义了存储内容之后，需要进行一些审核和分析，对数据库进行优化，实现相关数据库的快速检索。需要定义的关键之一就是在日常审核或者常用查询中被使用到的数据项。如：

- 优先级——消息的重要性或相对重要性。
- 日期和时间——表明事件什么时候发生。
- 主机——生成这个事件的系统。
- 消息——事件发生的详细信息。

关于日志数据，反复提到的一个主题就是存储大小会持续增长。即使在数据库中构建了索引和查询优化，但在数万亿行数据项中搜索依旧会变得缓慢和烦琐。许多数据库系统支持分区，分区允许逻辑上的单个数据表格分裂成较小的多个区块。在日志数据中，基于日期和时间对数据库表进行分区是一个符合逻辑的做法。

使用关系数据库实现日志存储的主要优点是数据库的易用性和较低的成本，企业可以使用标准的 SQL 语句快速搜索和检索日志记录。数据库系统具有健全的用户访问和权限系统，现在有许多标准工具可以利用 SQL 语句对本地数据库进行增、删、改、查等操作，这些工具可以使用编程语言作为查询日志数据的工具，并不需要使用特定的知识和权限的平台。许多编程语言内建立了数据库处理的支持，可以开发用于日志数据实时查看与分析的前端工具。

然而,将日志数据存入关系数据库系统并不能避免本身的一些问题和风险。使用关系数据库作为主要日志存储的缺点是:从日志安全或基础设施角度来说,数据量太庞大、太臃肿。从数据库读取或者写入日志消息都会有显著的开销,向数据库中写数据在速度上明显比写入本地磁盘文本文件慢,主要是因为网络延迟、SQL 解析、索引更新以及向磁盘提交信息时造成网络的拥堵。使用数据库存储日志对磁盘空间需求也较高,主要是因为实现快速搜索和检索需要大量索引文件,压缩数据的选项也较为有限。数据库系统在一个组织中往往有多种用途,因此需要面临数据库故障、维护以及为支持日志记录或其他内部系统而升级时的数据丢失风险。当根据存储策略得知不再需要的日志时,数据的销毁和删除也存在一定的问题。目前常用的数据库有 Oracle、MySQL、SQL Server 等,当日志数据巨大时,数据库的吞吐速度和数据的读取变得非常慢,这就需要采用分布式存储方式策略。

4.2.3　键值数据库存储策略

键值数据库起源于 1979 年 Ken Thompson 为 UNIX 开发的基于 hash 存储的数据库,并得到 BerkeleyDB 的继承和发展。随着 Web 应用的广泛兴起,键值数据库正显示出强大的生命力。目前,巨型搜索引擎 Google 和百度、著名网上零售商亚马逊、国内微博服务商新浪等大型互联网服务提供者的核心存储都采用了键值数据库。键值数据库因其强大的伸缩性、优异的查询效率和较好的空间利用率而备受云计算服务商青睐。

键值数据库是一种轻量级的数据库,引领下一代数据库的发展方向,即非关系、分布式、开源和易扩展。它以 Key、Value 形式保存数据,去除关系数据库中的数据完整性约束,并舍弃表的概念。Key 和 Value 可以是任意长度的二进制数据,都可看成是字符串。图 4-1 说明了一种简单的键值数据库,存储记录仅由一个键和一个值组成。如果 Value由多个域组成,则可以存储多个域的数据库。

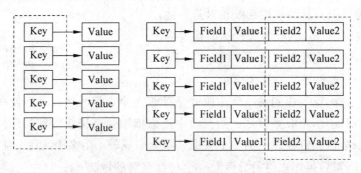

图 4-1　键值数据库

键值数据库可以作为单独的服务器运行,常见的是以嵌入式程序的方式运行,在后台运行,提供可用的接口给应用程序时,运行在宿主程序中,减少了程序之间的切换,提高了运行效率。键值数据库可以作为一个分布式数据库,在多台机器上实现数据共享和备份、负载均衡,形成一个具有高并发、高吞吐的数据库服务器集群。

键值数据库具有以下特点。

- 无数据模式。键值数据库没有关系数据库中的内模式、逻辑模式、外模式等概念，其只由 Key、Value 决定，是在程序内实现。
- 复制相对简单。由于其容易支持分布式，所以在网络上的数据库间能轻松地实现复制备份。
- 接口简单。键值数据库提供简单的接口，包括基本的读、写等接口函数，用户只需要调用读写接口就可以操纵数据库。
- 数据最终一致性。键值数据库并不一定遵循 ACID 特性，但能保证数据库最终是一致的。

键值数据库系统的总体架构如图 4-2 所示。

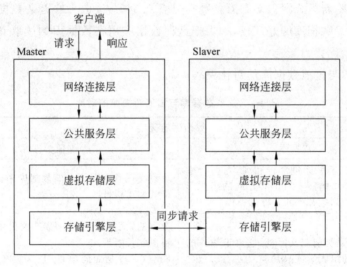

图 4-2 键值数据库系统的总体架构

系统总体分为 4 层，分别为网络连接层、公共服务层、虚拟存储层、存储引擎层。

（1）网络连接层，负责接受客户端网络连接，响应客户网络请求，并提供服务，专注于处理网络连接，尤其是高并发情况下系统的稳定性及即时响应能力。

（2）公共服务层，主要负责提供系统配置处理功能、缓存区管理功能、通用协议处理功能、命令解析功能以及各种通用组件等，这些组件为网络连接层与系统提供服务。

（3）虚拟存储层，主要对底层存储引擎功能抽象，形成一个简洁、可扩展、可统一访问的接口，即提供统一的数据库访问接口。

（4）存储引擎层，是整个系统最关键的一部分，主要负责实现数据存储检索功能，为数据引擎实现，考虑到系统的通用性，该层将采用多种存储引擎实现，这样就可以在使用时从多种存储引擎层中选择最合适的实现系统功能，使得系统更加符合客户的使用需求，同时，为了增强系统的可靠性，在存储引擎层可配置实现主备复制，保证整个系统的可靠性，在主节点损坏时自动切换到备用节点为客户提供服务，大大提高系统的可靠性。

键值数据库在存储和处理海量日志方面相比关系数据库有独特的优势。关系数据库存储具有丰富的完整性,其保证了实体完整性、参照完整性和用户定义的完整性,大大降低了数据冗余和数据不一致的概率,但是,为了维护一致性付出的代价是需要降低数据的处理效率,同时增加处理日志数据的复杂性。由于日志数据大多数基于文本文件的字符串,长度不统一,关系数据库要求数据长度固定,降低了关系数据库的空间利用率,而键值数据库不需要事先规定键和值的长度,从而能灵活处理文本数据。处理日志数据也不需要类型约束和多表联合查询,键值省掉不必要的操作,提高了数据查询的效率。同时,键值数据库可以方便灵活地构建一个分布式数据库,实现服务器客户端的复制、分布式查询,增强数据库的并发访问能力。另外,键值数据库可以根据应用的需要将编程和日志挖掘程序结合起来,提高整个系统的性能。例如,一种键值数据库 Tokyo Cabinet,其数据库的读写非常快,哈希模式写入 100 万条数据只需 0.643s,读取 100 万条数据只需 0.773s,是 BerkeleyDB 等数据库的好几倍,如果把这种数据应用在数据库的读取和存储方面,将有很大的吞吐量优势。

关系数据库与键值数据库的对比见表 4-1。

表 4-1　关系数据库与键值数据库的对比

数据库定义	
关系数据库	键值数据库
数据库由表组成,表里面包含行和列,列由行中的元素组成,表格中的所有行都有相同的组成形式,即每行包含的列数和列的名称都一样	可以将任意数据放入该数据库中,对放入的数据格式要求很低
数据的组成形式是提前定义好的,它要求输入的数据结构、数据的组成形式只是建立在它所包含的内容的自然表现上,而不是面向应用	数据的索引由 Key 值决定,数据中具体的 Value 可以是任意形式 Key-Value 是面向项目的,这意味着所有与项目有关的数据都被存储进该项目中,一个域可以包含大量不同的项目
规范化是关系数据库使用到的一种数据结构模型,能保证数据一致性并消除数据冗余。关系使数据和表联系在一起	域和域之间,还有域内的各元素没有强制的关系
数据的存取	
关系数据库	键值数据库
数据的创建、更新和删除都是由 SQL 完成的	API 方法调用
SQL 可以通过表单或者连接获取数据	不支持复杂的数据库操纵
SQL 提供了聚合和复杂的过滤函数	只提供一些简单的过滤,如 =、!=、<>
方法和具体的实现是分离的	所有的应用和数据的逻辑都定义在应用的代码中

NoSQL(Not only SQL)数据库包含着一种常见的键值数据库存储模型。NoSQL 数据库是指不仅仅使用 SQL 作为查询语句的数据库系统,还包含许多其他数据模型与操作。NoSQL 数据库是随着 Web 2.0 技术的发展与海量数据的产生而逐渐发展起来的,为了适应目前对海量数据快速处理响应的需求而产生。因而,NoSQL 数据库应该满足以下特点。

（1）能够高效地进行海量数据的存储和访问。随着互联网用户人数的急剧增长,各种 Web 应用服务的用户数也随之增长,Web 应用每天将产生庞大的数据量,能够高效地进行海量数据存储检索是 Web 应用对数据库的基本要求。

（2）能够满足高并发地读写请求。随着互联网技术的普及,许多 Web 应用时常需要面对百万级别的用户并发访问,如铁路售票系统、安全系统中的日志存储等,都需要底层数据存储系统对高并发的支持。

（3）具有高扩展性和高可用性。在云计算环境下部署的应用可以根据实时负载增减后台服务数量,这就要求后台数据存储系统有较高的可扩展性和高可用性。

日志格式的复杂性使得越来越多的企业开始使用非关系的键值数据库。NoSQL 数据库也是未来日志存储的一个重要应用。

4.2.4　Hadoop 分布式存储策略

日志数据的规模增长迅速,要存储这种规模的日志数据,新一代的日志数据存储和处理系统必须具有海量日志数据存储管理能力、高性能、高可靠性、伸缩性强、容错性强、设备使用率高、能耗使用率高等特性,而目前的日志数据存储和处理系统都不能很好地满足这些需求。传统的本地数据库作为日志数据的存储系统面临各种挑战,包括对日志数据增长的可伸缩性以及高峰活动时所需要的存储和系统容量。传统存储阵列发展的几十年里,确实给数据中心的建设带来了巨大的发展,但是随着虚拟化的普及以及大数据、云计算、互联网＋等概念的落实,传统存储阵列的疲态凸显,在处理能力、扩展性、可维护性、可靠性方面,以及成本考量都呈现出更多的劣势。存储厂商一味在增强、扩大这个"铁盒子",维护传统领域"蛋糕"的同时,也在加紧研究着另一种背道而驰的存储技术,这就是分布式存储技术。

与传统数据库系统相比,分布式存储是一种以数据为中心的存储策略,这种存储策略利用分布式技术将数据按照一定规则保存到满足条件的非本地的节点(机器)中。良好的信息中介机制可以有效地平衡数据存储和数据查询之间的能量损耗,在保证数据查询成功的同时不会造成网络堵塞而影响网络寿命。与目前常见的集中式存储技术不同,分布式存储技术并不是将数据存储在某个或多个特定的节点上,而是通过网络使用企业中的每台机器上的磁盘空间,并将这些分散地存储资源构成一个虚拟的存储设备,数据分散地存储在企业的各个角落。

分布式存储系统是将数据分散存储在多台独立的设备上。传统的网络存储系统采用集中的存储服务器存放所有的数据,存储服务器成为系统性能的瓶颈,也是可靠性和安全性的焦点,不能满足大规模存储应用的需要。分布式网络存储系统采用可扩展的系统结构,利用多台存储服务器分担存储负荷,利用位置服务器定位存储信息,它不但提高了系统的可靠性、可用性和存取效率,还易于扩展。

基于 Hadoop 生态圈的日志存储是分布式存储策略系统的代表。Apache 基金会开发的分布式系统基础架构 Hadoop,部署在低廉的硬件上;而且它提供高吞吐量访问应用程序的数据,适合有超大数据集的应用程序。Hadoop 实现了一个分布式文件系统 (HDFS)和一种编程模型 MapReduce。Hadoop 具有高可靠性、高扩展性、高效性、高容错性和低成本等特点。Hadoop 的分布式架构将大数据处理引擎尽可能地靠近存储。Hadoop 的 MapReduce 功能实现了将单个任务打碎,并将碎片任务发送到多个节点上。

HDFS 为海量数据提供存储模型。HDFS 是 Hadoop 实现的一个分布式文件系统 (Hadoop Distributed File System)。HDFS 专门负责对存储在 Hadoop 集群上的数据的存储、管理、冗余备份以及出错恢复处理。HDFS 有高容错性和高扩展性,适合部署在低廉的硬件上,而且可提供高吞吐量访问应用程序的数据,还提供流式数据访问模式读写超大文件,适合有海量数据集的应用程序。HDFS 有如下 5 个特点。

- HDFS 满足超大规模的数据集需求。整个文件系统都能够存储和处理的数据量可达到几十 PB,甚至几百 PB。
- HDFS 支持流式的数据访问。HDFS 有"一次写入,多次读取"的构建思想,这是一种较为高效的数据访问模式。当一个文件存储到 HDFS 后,就不能随意修改,但可以多次读取。
- HDFS 可容忍节点失效的发生。HDFS 被设计成适合运行在通用硬件上,整个集群包含了很多节点,由于硬件错误或网络中断等原因造成的节点失效是不可避免的,但 Hadoop 有自己的冗余备份措施保证数据的可靠性和可用性。
- HDFS 有很强的扩展性。根据需要,可以动态向 Hadoop 集群中增加或删除节点,这样的操作不会影响整个系统的正常工作,HDFS 会自动更新集群节点状态。
- HDFS 存储文件时会将文件分割为多个数据块。HDFS 和其他文件系统一样,允许存储的单个数据块大小是有限制的。HDFS 采用多副本策略保证数据的可靠性和容错性,会把文件按块大小分成多个块,每个块存储 2~3 个副本,一个在同机架的另一个服务器上,一个在不同机架的另一个服务器上。Hadoop 默认的分块大小为 64MB(最大为 64MB),用户也可以根据需要调整分块大小。

根据 HDFS 的特点,可以将其作为日志数据存储访问的底层的分布式文件系统。一个 HDFS 由一个 NameNode 和多个 DataNode 组成,其中 NameNode 存储文件系统的元数据,DataNode 存储实际的数据。具体来说,NameNode 是管理节点,主要存储和管理整个文件系统的 NameSpace 和元数据,元数据里包括保存了哪些数据块、数据块分布在哪些节点、数据块的顺序和数据块的副本数等信息。除此之外,NameNode 还负责文件的读取写入过程。DataNode 是 HDFS 真正存储数据的地方。一个文件被分割为一个或多个数据块,这些数据块分别存储在不同 DataNode 上。集群开始正常运行后,DataNode 和 NameNode 会建立连接并不断保持心跳,心跳信息中包含 DataNode 的状态和 NameNode 对 DataNode 的命令等。作为数据存储的实际节点,DataNode 接收对数据的访问,响应数据的读写请求。另外,DataNode 之间也会保持联系,以达到相互协调地工作。HDFS 结构图和 HDFS 架构图分别如图 4-3 和图 4-4 所示。

Hadoop 有传统数据库系统不具有的许多优点。Hadoop 不用在各个系统上使用平

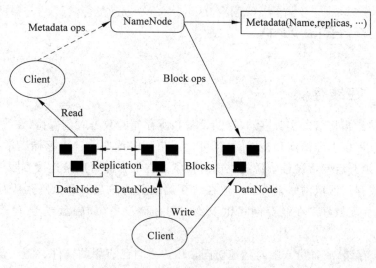

图 4-3 HDFS 结构图

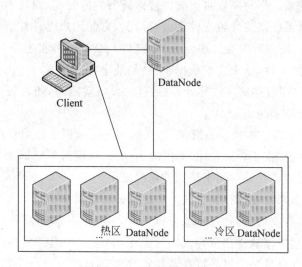

图 4-4 HDFS 架构图

台特定的查询工具,就能对日志数据进行快速检索和搜索。Hadoop 通过将搜索请求分布到集群各个节点,快速寻找、处理和检索结果,从而在数据量级别增长时很好地实现了可伸缩性。Hadoop 主要用 Java 构建,可以实现日志数据的实时查看和分析。Hadoop 在跨越 Hadoop 集群各节点的 Hadoop 分布式文件系统(HDFS)中,将数据存储为一组有结构的扁平文件。除此之外,Hadoop 具备高容错性,通过在集群节点间制作多个备份数据,当一个节点出现故障时,数据仍可以从其他节点检索,保障了数据存储的安全性和可靠性。

基于 Hadoop 生态系统的存储是一个强大的分布式存储系统,但是同样存在一定的缺点。现有的许多日志记录工具对 Hadoop 的直接支持有限。除此之外,分布式集群的搭建和维护也要耗费巨大的成本。

4.3 存储方式

4.3.1 在线存储

在线存储是指将信息实时存储,存储设备和所存储的数据时刻保持"在线"状态,使得在线日志信息可以立即访问和检索,并且可供用户随时读取。这类存储通常是最昂贵的选择,因为必须开启专用硬件资源提供即时检索。在线存储可以是连接到服务器的硬盘、数据库系统或存储区域网络系统。一般在线存储设备为磁盘和磁盘阵列等存储设备,价格昂贵,但是性能较好。在线存储相比于传统的存储设备(如硬盘或 U 盘等)有自己的特点。

(1)一次存储(或备份)、随时随地访问。用户将自己有用的文件、视频、音乐、软件等资料保存到互联网上,待需要使用时可以在任何连接互联网的设备上访问这些资料并下载使用,不用重新搜索。用户不仅可以省去搜索新资料的时间,而且不必随时携带移动设备,不用担心计算机系统崩溃导致文件丢失等情况,方便用户的日常生活。

(2)数据共享。用户可以在线实时分享自己的在线文件,被分享用户可以根据具体需求取出自己所需的文件,从而实现数据、文件的共享。

(3)在线同步。在线存储可以在计算机、移动设备空闲时,随时备份计算机或者设备中的数据,安全性能非常高。

(4)存储空间大、容易扩展。一般来讲,任何在线存储服务在用户注册时都会赠送存储空间。例如,微软的 SkyDrive 软件,国内的 360 云、百度云等可赠送达 TB 级别的免费存储空间,用户不用担心存储空间不够用的情况发生。

云存储是一种新兴的在线存储方式。它是在云计算概念上延伸和发展出来的一个新的概念,是指通过集群应用、网络技术或分布式文件系统等功能,将网络中大量各种不同类型的存储设备通过应用软件集合起来协同工作,共同对外提供数据存储和业务访问功能的一个系统。云存储是一个以数据存储和管理为核心的云计算系统,是对现有存储方式的一种变革,也就是"存储即服务"。云存储与传统的存储有很大的区别,它是由许多网络存储设备、服务器、应用软件等多个部分构成的集合体。云存储提供的是存储服务,云中有很多的网络设备为用户提供服务,而对于外界接入云的用户来讲,这些都是被屏蔽的。无论何时何地,使用者都可以通过一个网络接入线缆和通过一组用户名密码接入网络,享受网络带来的服务。用户不需要担心相关固态硬盘等存储设备,只联网登录到自己的云存储空间就可以找到预先存在上面的文件,给用户带来很大的方便。云存储平台整体结构可以划分为 4 个层次,自下向上依次是:数据存储层、基础管理层、应用接口层以及用户访问层。云存储结构模型如图 4-5 所示。数据存储层将不同类型的存储设备连起来,同时实现对存储设备的存储虚拟化、存储集中管理、状态监控和维护升级等的管理;基础管理层通过集群系统、内容分发、数据加密等技术,实现云存储中多个设备协同工作;开发商可以根据不同的应用服务接口提供多种不同的应用服务;用户访问层为用户提供公用的访问接口。

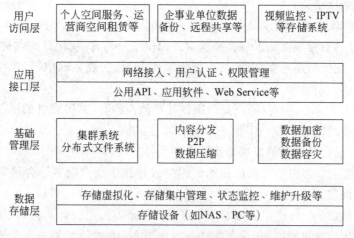

图 4-5 云存储结构模型

云存储将存储资源作为服务通过互联网提供给用户使用,是云计算中基础设施即服务(Infrastructure as a Service,IaaS)的一种重要形式。借助于虚拟化和分布式计算与存储技术,云存储可以将众多廉价的存储介质整合为一个存储资源池,向用户屏蔽了存储硬件配置、分布式处理、容灾与备份等细节。用户可以按自己对存储资源的实际需求量向云服务提供商租用池内资源,省却了本地的存储硬件及人员投入。同时,将存储的基础设施交由专业的云服务提供商维护可以保证更好的系统稳定性。专业云服务提供商一般具有普通用户无法比拟的技术和管理水平,从技术上为用户数据提供更好的冗余备份与灾难恢复。

云存储不同于虚拟存储,二者是两个不同层面的概念,前者代表一种服务,后者代表一种技术。所谓虚拟存储,就是把多个存储介质模块(如硬盘、RAID)通过一定的手段集中管理起来,所有的存储模块在一个存储池(Storage Pool)中得到统一管理。虚拟存储通过在服务器(应用层)和物理存储系统之间增加一个虚拟层,提供大容量、易扩展、提高整体带宽、整合异构存储介质、简化管理和低成本等优势。云存储以虚拟化技术为基础,但在虚拟存储上增加了网络和服务的概念。相对于虚拟存储,云存储具有如下优势。

(1) 成本低。建立自己的存储系统成本较高,体现在硬件等资源投入没有弹性,不是按需使用;维护开销巨大,且往往需要较高的管理和技术水平。而云存储资源由专业的提供商创建和维护,用户只需按需租用这些资源,就能获得与专有存储系统相匹配的存储服务,省去了不断累积的硬件投入和维护开销。

(2) 便捷访问。专有存储系统为了保证对外安全性,往往位于企业内部,这样使得外界对存储系统的访问很不便捷。云存储系统由专业提供商维护,用户在任何地方都可以通过"云"便捷地访问,同时不用考虑安全性等问题。

(3) 具备海量扩展能力。云存储采用的是并行架构,相对于传统的串行架构来说,存储容量分配不受物理硬盘限制,部署新的存储设备即可增加容量。对云存储来说,不论多少存储设备,都只看作一台存储设备,整体硬盘容量将耗尽时,部署新磁盘阵列即可实现存储总容量的线性增长。

(4) 实现负载均衡。在传统存储模式下部署多台设备时,会出现工作量分配不均的现象,形成存储效能瓶颈。而云存储系统对外提供统一名称,使用这个名称可以存取整个存储池的数据,便于应用开发;对内将工作量均匀分配,实现负载均衡,避免单点瓶颈,发挥系统最大效能。

(5) 可实现量身定制。存储产品在提供其存储空间时,其实提供的不仅是空间本身,而且会根据企业的需求给出一个量身定制的解决方案。

当然,目前云存储服务的发展也面临着一些挑战,具体体现在:

(1) 数据安全与可用性之间的权衡。因为云存储中用户间共享存储资源,所以当用户考虑将自己的核心数据放到云上前,一定会考虑到数据的安全性。

(2) 性能和数据传输速率的限制。有限的网络带宽加上云计算协议带来的延迟极大地降低了用户体验水平,使得很多数据访问模式下,目前的云存储并不是最佳选择,如当数据传输距离很远且数据流动范围很大的场合,或者数据访问频率与事务速率要求很高的场合。云存储服务的应用更多地局限在不需频繁存取数据的场合,如归档、备份、离线数据保护等。

(3) 可管理性的缺乏。由于缺少独立于提供商的、可用于评估云存储可用性的工业标准或工具,用户担心一旦采用某供应商的云服务模式后,就被"锁定"在这个供应商,从而使将来在供应商之间的自由迁移变得困难。

(4) 互操作性与协议转换的困境。当前企业的大部分应用程序都采用基于文件块的协议,但是云存储架构中盛行的是基于文件的协议。因此,如何在云存储协议既有应用协议之间进行翻译或转换是云存储的推广必须考虑的问题。

总而言之,在线存储从用户角度来讲,用户不仅可以通过 Web 方式进行在线手动文件管理,并且可以通过客户端方式实现离线编辑和在线自动同步上传,用户可以通过修改本地磁盘文件修改网络文件,即无论客户机处于在线状态,还是处于离线状态,用户都可以对本地文件夹的文件进行编辑,一旦客户机处于在线状态,系统就会自动同步文件到网上。从服务器角度而言,系统将底层存储细节和存储过程屏蔽,达到用户方便易用的目的。用户可以在任何时间、任何地方,透过任何可联网的计算机设备连接到网上方便地读取数据。

以云存储为代表的在线存储的优点是访问延迟低,同时支持大量用户访问,并易于集中管理,性能较好。通过使用在线存储系统,使用者可以达到很好的体验。一方面,使用者可以根据自身需要通过网络一次存储,随时随地读取,节省了用户的本地空间;另一方面,用户可以像使用本地磁盘一样使用网络磁盘,系统客户端会帮助用户将同步文件夹中修改的文件自动上传到网上,免去了用户必须随身携带的困扰,很大程度地方便了用户的生活和工作。缺点则是数据的安全性、稳定性不能得到很好的保证。

4.3.2　近线存储

数据存储分为在线存储和离线存储两种存储方式。在实际工作中,在线存储与离线存储是相互配合、协调工作的。在线存储主要用来做日常数据访问与存储,而离线存储则主要用来对数据的备份。如一个邮件服务器,其日常的邮件数据保存于在线存储设备中。然后每隔一个周期,如每隔一天,通过相关的备份文件将在线存储设备中的邮件信息备份到离线设备中。也就是说,此时离线存储设备只有在数据备份那一段时间启用。为此,离线存储也可以说是一种绿色存储方案。但是,在线存储中也不是所有数据用户都需要经常访问的。如在线存储中存储着邮件的信息。有些用户可能出于信息保存的需要,会两年、甚至更长时间不删除邮件。而用户日常需要的邮件可能只是集中在最近半年中。也就是说,在线存储设备可能有三分之二的数据都是不怎么需要访问到的。但是,实际上这些数据仍然在时刻"待命",等候用户检阅。这显然是一种非常浪费的行为。而且这些数据又无法保存到离线设备中。如何解决这种"两难"的困境呢? 业界提出的近线存储很好地解决了这个问题。

近线存储是介于在线存储和离线存储之间的存储选择,即所谓的分级存储。通俗来讲,存储系统根据用户访问的历史数据将数据分为两类:用户经常需要访问的数据与不需要访问的数据。近线存储将那些不是经常用到,或者说数据的访问量并不大的数据存放在性能较低的存储设备上,但同时对这些设备的要求是寻址迅速、传输率高。总而言之,近线存储对性能要求不高,但是必须要有很高的访问性能。

近线存储系统中的关键设备是磁带库与光盘库,其存储容量通常在 TB 级(1TB=1024GB),甚至 PB 级(1PB=1024TB),价格大约在 1.45 美元/GB。由此可见,采用磁带库和光盘库作为关键存储设备,是一种性价比极佳的存储解决方案。目前的磁带库生产厂家有 IBM、Sony、STK、ADIC 等公司,光盘库生产厂家有 JVC、NSM 等公司,其产品的共同特点是技术领先、性能极好及产品线较全等。

近线存储系统一般采用硬盘、磁带或光盘作为存储介质,并使用相应的近线存储管理软件对存储文件进行管理,因此近线存储兼具硬盘在线系统和磁带、光盘离线系统的优点。一方面,近线系统的数据检索部分位于硬盘,其读写速度快;另一方面,近线系统将大量使用频率较低的数据迁移到磁带库或光盘库中,既有离线存储系统数据容量近于无限的优点,又节省在线部分的硬盘空间。具体来说,硬盘用来存放数据检索系统,磁带和光盘则用来存放大量的数据信息。当数据的使用频率很低时,存储管理软件根据事先设定编写的迁移策略,把数据从硬盘中迁移到磁带库或者光盘库中,但这段数据的索引被保存在硬盘上。当用户访问近线存储的磁带库或光盘库时,首先通过存储管理软件确定磁盘或磁带的存放位置,然后将需要访问的数据迁移到服务器中,完成数据访问。全过程由计算机管理系统自动完成,不需要人工干预,管理员只需制订相关规则即可。近线存储系统的优点主要兼具硬盘在线系统和磁带、光盘离线系统的优点:近线存储系统的数据检索部分位于硬盘上,吸纳了在线存储系统访问速度快的优点,从而为用户的数据访问提供最快的响应速度;近线系统将大量使用频率较低的数据迁移到磁带库或光盘库中,吸纳了离线存储系统数据容量近于无限的优点,同时也节省了在线部分的硬盘空间;为中心存储设备提供了安全备份。举一个简单的例子,随着网络应用的深度普及,人们在学习、工作、生活中越来越离不开网络,所以在网络的运行过程中,会产生海量的网络日志,通过海量的日志可以分析用户上网行为的特点,为网络的优化、网络安全提供科学决策的依据。而我国的《网络安全法》要求:网络运营者应采取检测、记录网络运行状态和网络安全事件的技术措施,并按照规定留存相关的网络日志不少于 6 个月。当这 6 个月的日志存储量很大,但访问量很小时,选择近线存储不失为一种很好的日志存储方式。近线存储的硬件架构如图 4-6 所示。

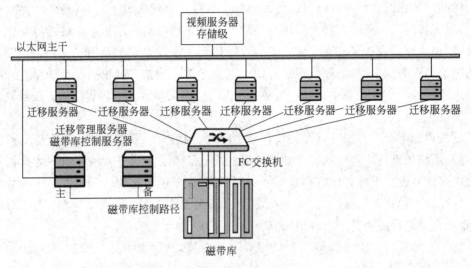

图 4-6 近线存储的硬件架构

总的来说,采用近线存储主要具备以下两大优势。

(1)响应速度快。近线存储系统的数据检索系统位于硬盘上,因此可为用户的数据访问提供快速响应。

(2)节省空间。近线存储将大量使用频率低的数据迁移到磁盘库或光盘库中,具有离线存储数据容量大的特点,能节省在线存储部分的硬盘空间。

近线存储可以提供冗余存储,从而保证数据的完整性和灾难保护,但是在大多数情况下,由于不常用的数据占总数量的比重较大,所以要求近线存储设备所需的容量相对较大。

4.3.3 离线存储

离线存储目前主要使用的是光盘或磁带存储,大多数情况下用于对在线存储的数据进行备份,以防范可能发生的数据灾难,因此又称为备份级的存储。离线存储在目前的应用中主要作为在线存储的安全备份和应急备份,为在线存储的灾后数据恢复等提供保障数据。随着社会的发展,离线存储对图书馆、档案馆、科技馆、博物馆、文化馆、美术馆等大型场馆,特别是军队、政府机构和商业机构也十分重要,如公安、民政、国土、银行、保险、医院等各类海量数据存储机构均具有使用需求。离线存储对于长期不利用的数据具有在线或近线没有的管理优势、节能优势。

离线存储的主要介质包括磁带、光盘、硬盘 3 种。每种存储载体各有技术优势。作为主要载体之一,硬盘在离线存储工作中得到了越来越多的应用。硬盘具有数据读取速度快、技术发展迅速、单位存储成本逐年快速降低、单盘介质存储容量相对较大等优势,硬盘在离线系统存储中有着广泛和稳定的应用。但是,由于硬盘自身的技术特性存在一定劣势,以及保存和使用不当等原因,造成硬盘损坏、数据丢失等问题,已成为离线存储的极大隐患。

接下来详细介绍离线存储的三大介质以及相应的优缺点。

1. 磁带

磁带主要以防磁柜的方式进行离线存储,使用磁带机进行读取。磁带属于传统的离线存储介质,广泛应用于数据的离线备份存储,具有存储量大、保存时间长的优点,但缺点也比较明显,当读取数据时,需要把带子卷到头,再进行定位。磁带保存环境相比于光盘、硬盘更加困难,需要保障存储的温湿度及考虑周围磁场的严格保存环境条件。磁带的读取需要配合磁带机使用,不能支持单盘单独离线查询和单盘管理。

磁带在未来的发展主要以磁带库的形式保管,即磁带加存储设备为一体的管理和使用。但是,相对于磁带的容量和性价比来说,磁带库在未来的发展正在逐步被硬盘盘阵系统中的虚拟带库所替代。

2. 光盘

光盘作为介质主要以光盘塔、光盘库两种存储方式进行离线存储。

光盘塔是由多个只读光盘(Compact Disc Read-Only Memory,CD-ROM)驱动器串联而成的,光盘预先放置在 CD-ROM 驱动器中。事实上,光盘塔相当于多个 CD-ROM 驱动器的“堆砌”。光盘塔一次可共享的 CD-ROM 光盘的数量与其拥有的 CD-ROM 驱动器数量相等。用户访问光盘塔时直接访问 CD-ROM 驱动器中的光盘,访问速度较光盘库稍快。

光盘库的设计思路由投币式点唱机而来。它是一种带有自动换盘功能的光盘网络共享设备。光盘库一般配置有 1～12 台 CD-ROM 驱动器,可容纳 50～600 片 CD-ROM 光盘。用户访问光盘库时,自动换盘机首先将已放在 CD-ROM 中的光盘取出来并放置到盘架上的指定位置,然后再从盘架中取出用户所需的 CD-ROM 光盘,并将此光盘送入 CD-ROM 驱动器中。由于自动换盘机的换盘时间通常在秒量级,因此光盘库的访问速度较慢。

随着近些年蓝光光盘的普及使用,目前市场上已逐步退出蓝光光盘库,相对的单盘容量较小,通常为 50～100GB,按 3.5 寸硬盘体积计算,单位体积光盘存储量约为 500GB,而 3.5 寸硬盘目前可达到 TB 级甚至更高。相对硬盘存储,光盘存储具有不可修改及较高的抗震、抗冲击性,保管寿命较长等优点,但重复读写次数较少,速度较低。

3. 硬盘

硬盘存储是以磁盘为存储介质的存储器,利用磁记录技术在涂有磁记录介质的旋转圆盘上进行数据存储的辅助存储器,具有存储容量大、数据传输率高、存储数据可长期保存等特点。硬盘是近些年运用在离线存储上常用的介质,在硬盘刚出现时受制于硬盘价格居高不下及单片容量较小的限制,一直未在离线存储中进行使用,但随着硬盘价格走低,容量的增加,硬盘成为最经济、最稳定、读取最方便的存储介质。同时,硬盘在离线存储的发展中可以利用虚拟技术进行光盘数据以及磁带数据存储的便捷性也是光盘和磁带无法比拟的。硬盘在未来的离线存储发展中,必然占据重要的位置。

不同介质的优缺点见表 4-2。

表 4-2　不同介质的优缺点

介　　质	磁　　带	光　　盘	硬　　盘
物理优点	易生产、使用广泛	数据不可修改	存储容量大,可以长期保存
物理缺点	数据易受外界环境影响,保存时磁塑介质易粘连	片基易老化,盘片易划损	抗冲击力较弱
使用管理优点	系统成熟、存储容量大	通用性较高	信息易定位且定期备份
使用管理缺点	速度慢、定位信息困难、需专门设备读取	使用中光盘数量大、读写速度较慢	需定期启动,保证正常工作
后期管理	需要短周期对介质进行检验、读取、重新复制	需要对大量同类介质进行分类检验,并重新备份	通过技术对数据进行自检,重新复制数据速度也快
保存	为保证数据安全、完整,需要保存环境比较苛刻	对保存环境要求较弱,但是长时间保存光盘基片易老化	较易保存且保存时占用空间较少
价格	需专门磁带设备,读取设备较贵	价格很便宜	价格适中

随着硬盘的性价比逐年上升,硬盘在离线存储领域的应用开始逐渐广泛,虚拟带库及光盘镜像的制作,使硬盘在原有的大容量基础上具有了磁带和光盘的不可读写的优点。但同时硬盘的缺点也相对明显,硬盘的抗震、抗冲击性在离线存储的应用中为最需解决的问题。

离线存储相比在线存储和近线存储是最便宜,也是读写速度最慢的选择,离线存储介质的数据在读写时是顺序进行的。例如,当需要读取数据时,需要把磁带卷到头,再进行定位。当需要对已写入的数据进行修改时,所有的数据都需要全部进行改写。通过购买额外的磁带和光盘,离线存储具有很高的可伸缩性,其价格通常也比近线存储更便宜。近线和离线存储面临的一个问题是存储媒介的有效使用寿命,离线存储的典型产品是磁带和 CD/DVD,CD/DVD 的公认使用寿命大概为 2～5 年,磁带的生命周期也与这相近。接近媒介使用寿命极限时,如果需要更长的存储周期,采用的方法就是将数据存储到新的媒介中。

4.3.4　日志存储的实际应用

目前的日志存储审计平台中,比较流行的日志存储方式是将在线存储、近线存储以及离线存储 3 种存储方式联合使用于日志存储审计平台中。奇安信集团的网神 SecFox 日志收集与分析系统具有海量日志接收和存储的能力。据调查已使用用户反馈显示,该日志审计系统接收日志数据的速率峰值能够达到约 30000 条每秒,并以平均每秒 6000 条的规模处理和关联分析日志数据。除此之外,SecFox 日志审计系统还支持对原始安全信息数据进行全文检索,支持关键字查询,检索保持着很高的性能,检索百万条数据(折合为 1GB)约需 5s,检索上亿条数据(折合为 100GB)所需时间小于 60s。

网神 SecFox 日志收集与分析系统在日志审计系统的日志存储能力和方式方面有着独特的优势。一般的日志审计系统可在线存储约千万级别的日志记录,而网神 SecFox 日志收集与分析系统可以通过在线存储的方式存储多达亿级别条数的日志记录,这相当于管理约 800GB 的数据量。在实际应用中,在线存储是指日志收集与分析系统的在线分析系统中,用户可以随时查询和分析这些数据,通过关联性分析,从而快速、准确地定位出告警所在位置,查明告警原因;除此之外,在线挖掘存储功能可以对某条感兴趣的日志中的源 IP 地址、目的 IP 地址,或者目的端口进行相关性日志检索。日志审计系统中的离线存储功能可以将系统的数据进行归档,留作数据的备份,可以保证系统的安全性得到提高。一些不是经常使用的但是需要时刻保持"待命"的数据,近线存储发挥了巨大的优势,这些不经常使用的系统数据可以快速被系统或使用者调出,便于进行分析。

网神 SecFox 日志收集与分析系统能够存储的数据量大小取决于服务器磁盘存储空间的大小。目前市面上的日志审计系统绝大多数会使用分布式部署的方案进行存储,通过新一代的日志数据存储和处理系统,使得海量日志数据存储系统具有高性能、高可靠性、伸缩性强、容错性强、设备使用率高、能耗使用率高等特性。分布式部署可以使日志存储性能得到很大的提升。网神 SecFox 日志收集与分析系统除了具备分布式部署的方案外,同时也支持单一部署,也就是本地数据库的存储部署方式。除此之外,网神 SecFox 日志收集与分析系统提供多种日志存储策略,能够方便地进行日志备份和恢复。

网神 SecFox 日志收集与分析系统采用的优化数据存储算法可以使得在使用小型数据库的情况下也能达到上述性能。此外,在使用该系统的时候,无须购买额外的数据库管理系统和许可,如大规模的 MySQL 数据库等,也不必花费专门的精力维护这些数据库,这种举措可以大大降低用户的总拥有成本,提高产品的用户体验。

思　考　题

1. 简述一些日志存储策略,并描述关系数据库存储、键值数据库和分布式存储的优缺点。
2. 存储方式主要分为哪几种? 各种存储方式的优缺点分别是什么?
3. 简要叙述日志存储格式的种类。

第 5 章 关联分析

5.1 概述

计算机技术和 Internet 的迅猛发展,加速了全球信息化进程,互联网正在走进千家万户,在人们的日常工作和生产生活中扮演着不可或缺的角色。网络用户正在以指数级增长,网络的规模也越来越大,与此同时,针对网络的恶意攻击活动越来越多。如何有效地保证网络的正常运行已经成为十分紧迫的问题。为了防止恶意入侵给网络造成破坏,造成资源的丢失,网络管理人员非常迫切需要能够准确、及时地了解整个网络的当前状态及未来的安全趋势,及时发现攻击和危害行为,并进行应急响应,以便对网络的安全设置和资源配置制定出合理的应急策略,达到事前预防、纵深防御的目的,即需要对网络安全状态进行及时的评估和对未来发展态势进行预测,及时了解网络的状况。网络安全态势评估和预测越来越受到人们的关注,成为网络安全管理领域研究中的热点问题,而关联分析则是快速定位故障和入侵的一种有效手段。

关联分析又称关联挖掘,就是在关系数据或其他信息载体中,查找存在于对象集合之间的关联、相关性或因果结构,是一种在大型数据库中发现变量之间关系的方法。关联的含义是指将所有系统中的事件以统一格式综合到一起进行观察。

在网络安全领域中,关联分析是指对网络全局的安全事件数据进行自动、连续分析,根据用户定义的、可配置的规则识别网络威胁和复杂的攻击模式,从而确定事件真实性、进行事件分级并对事件进行有效响应。关联分析可以用来提高安全操作的可靠性,减少漏报警、误报警现象,以及在海量信息中提高分析的实时性,并为安全管理和应急响应提供技术手段。现有的安全事件的关联分析研究工作可分为如下几类。

1. 聚合分析

告警聚合分析过程的主要目是减少告警数量,采用相似度关联算法以及聚类、分类等算法对原始告警进行处理,其功能包含两个方面:一是把同一安全事件导致的多条告警融合为一条告警记录,大大减少告警数量;二是关联不同网络安全设备针对同一安全事件报告的重复告警。通过分析安全事件之间的关联关系,对同类和相似安全事件进行合并,从而减少安全事件的数量,去除重复和冗余信息。

2. 交叉关联

交叉关联(Cross Correlation)主要是结合背景知识(如网络拓扑信息、漏洞信息和主机配置信息等)提高告警的质量,主要用于攻击确认和风险评估。在"提高告警质量"方面,主要涉及 IDS 误告警的去除以及告警风险的评估。由于是分析安全事件和其他背景知识、漏洞信息之间的关联关系,所以称为交叉关联。

3. 多步攻击关联

由于现在大部分攻击,尤其是危害巨大的攻击都是多步攻击,而安全事件通常都是一个单独的攻击行为,因此从众多安全事件中找到一个多步攻击对应的多个攻击步骤,并将它们关联起来也是安全事件关联分析研究领域的一个重要研究内容。多步攻击关联又可称为攻击场景构建,主要研究攻击步骤之间的关联关系。

4. 其他

安全事件关联分析的研究中还有一些问题,例如,体系结构、总体构架、时间一致性问题、数据格式等,可将这些分析方法综合归结为其他的关联分析方法类。

本章主要介绍关联性分析方面的知识,包括实时关联分析、事件关联方式。除此之外,还介绍与关联分析目的相关的告警方面的知识以及可视化的日志实时统计分析。

5.2 实时关联分析

随着网络及其应用的发展,传统的集中分析日志的安全防护策略已无法实时解决新兴的实时威胁,如何准确而又快速地找到系统遭受的安全问题显得格外重要。对于有危害性的网络行为,应该及时主动采取相应的措施,以减少进一步的网络安全事件,避免网络系统遭受到进一步的威胁。例如,某个节点发出很多安全事件或者某个节点不断受到攻击,因此应该高度重视并检查该节点的情况。对有危害的网络行为的响应类似于传染病的防护(隔离或清除传染源、切断传播路径以及保护易感人群):隔离或清除传染源,即隔离或清除有危害的网络行为源;切断传播途径,即切断攻击的传播通路,使之不能到达攻击目标;保护易感人群,即对网络节点进行升级、加固等,尽可能使之对攻击具有抵抗力。网络安全事件的实时性关联分析是解决这种现状的关键手段之一。除此之外,当前网络安全管理者还面临如下挑战。

(1)安全设备和网络应用产生安全事件数量巨大,漏报警、误报警现象严重。一台IDS 一天产生的安全事件数量成千上万,真正存在威胁的安全事件淹没在误报信息中,难以识别。大量冗余告警日志的存储严重影响了关联性分析的时效性。

(2)安全事件之间存在的横向和纵向方面(如不同空间来源、时间序列等)的关系未得到综合分析,因此漏报严重。一个攻击活动之后常常接着另一个攻击活动,前一个攻击活动为后者提供基本条件;一个攻击活动在多个安全设备上产生了安全事件;多个不同来源的安全事件其实是一次协作攻击,这些都缺乏有效的综合分析。

(3)安全管理者缺乏对整个网络安全态势的全局实时感知能力。

充分利用多种安全设备的检测能力生成大量的日志数据,这些数据集中处理的致命弱点是待分析的数据量巨大,那些庞大冗余或独立分散的安全事件显然不能直接作为响应依据。上述问题的根本解决途径是网络安全事件关联实时处理。传统的安全日志审计系统先将不同信息源日志融合完毕后存入数据库,再对数据库中的日志信息进行关联性分析,发掘出日志之间的关系,找到真正的外部入侵和内部违规。但是,传统的日志审计系统无法进行实时性分析,它必须等到不同信息源的日志存入数据库后方可进行分析,对网络系统日志的存储能力要求非常高,同时这也将大大降低发现安全隐患的时效性。

相比于传统的关联性分析,实时关联性分析可以在存储已处理日志的同时进行关联性分析。经过收集和处理后的日志信息,一方面将日志存入数据库,另一方面同步在内存中进行实时关联性分析。关联分析的实时性确保了日志被及时审计,同时能够快速发现并定位安全隐患。但是,从实时性上看,关联分析的整个过程不能间断,这对系统的实时性要求较高。除此之外,普通日志存入数据库较容易,但如果是关联引擎实时将报警存入数据库中,则比较复杂。例如,一个关联规则需要在1s内通过SQL语句获取10条数据,那么关联引擎就需要实时在1s内进行10次磁盘存取,这导致对磁盘读写频率以及吞吐率的要求较高,所以告警关联分析在确保实时性的同时,也要注意对数据库吞吐率的重视。网络安全中的关联反馈如图5-1所示。

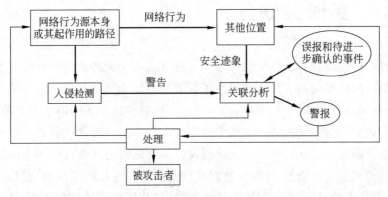

图 5-1 网络安全中的关联反馈

5.3 事件关联方式

实时关联分析的核心是基于安全监测、告警和相应技术的事件关联分析引擎。在关联规则的驱动下,事件关联分析引擎能够进行多种方式的事件关联,包括递归关联、统计关联、时序关联、跨设备事件关联等。本节主要介绍这几种典型的事件关联方式。

5.3.1 递归关联

递归在数学与计算机科学中的含义是指在函数定义中使用函数自身的方法。递归还较常用于描述以自相似方法重复事物的过程。例如,当两面镜子相互之间近似平行时,镜中嵌套的图像是以无限递归的形式出现的,也可以理解为自我复制的过程。递归关联指的是以递归的方式进行关联性分析,即自身与自身发生关联。递归关联是同一类实体之间的一种关联。和普通关联一样,递归关联也可以分为 3 种表达形式:一对一递归关联、一对多递归关联和多对多递归关联。

一对一递归关联是指对象之间是一对一的关系。例如,图 5-2 给出的一对一递归关联示例图表示的含义是两个人是一对一的关联关系,但是对象都出自于人类这一个大的集合中,相同对象之间产生了递归的关联,这个案例就是最简单的一对一关联关系。

一对多递归关联的含义是同一个类对象中存在一个实体对应关联多个实体。图 5-3 是一个典型的一对多递归关联的实例,一个消费者购买某件商品,如果该商品给消费者带来良好的用户体验,此消费者会将该商品推荐给身边同为消费者的其他人,这就是一个典型的一对多的递归关联案例。

多对多递归关联指的是实体中关联的关系是多对多,如图 5-4 所示。例如,在医院中,同一科室的医生面对不同的病人是多对多的关联关系,有时医生本人也因为自身身体的不适去就医,这就产生医生这一类中的递归关联关系。

图 5-2　一对一关联　　　　图 5-3　一对多关联　　　　图 5-4　多对多关联

递归关联对自身在时序上进行关联性分析,可以深度挖掘不同时间段自身告警之间的关联度,从而快速、准确地定位设备或者网络中的故障所在。

5.3.2　统计关联

在关联规则挖掘中,统计学一直扮演着相当重要的角色。关联规则挖掘的过程可以分为两个子问题:一是产生大的项目集;二是产生强关联规则。对于第一个问题,算法的复杂性是瓶颈,因为所挖掘出的频繁集的数目和项目的数目呈指数级增长。所幸,对此目前已经提出了许多基于统计学的有效挖掘算法,且这些算法都能在满足挖掘精确度的基础上提高算法的运行速度和效率。对于第二个问题,目前的研究不多,主要原因是在产生强关联的同时,基于统计学的关联规则挖掘没有被进一步利用。通过基于统计学的关联规则挖掘,从大型数据库中发现大量规则,是知识发现的重要内容。统计学与数据的关联挖掘有密不可分的联系。

(1) 数据关联挖掘虽不同于统计分析,但许多挖掘技术又来源于统计分析。

数据的关联挖掘中有许多工作都可以由统计方法完成,如回归、抽样等。通常的数据挖掘工具都能够通过可选软件或自身提供统计分析功能。这些功能对于数据关联挖掘前期数据探索和挖掘之后对数据进行总结和分析都是十分必要的。统计分析提供的诸如方差分析、假设检验、相关性分析、线性预测、时间序列分析等功能都有助于数据关联挖掘前期对数据进行探索,找出数据挖掘的目标、确定数据挖掘所需涉及的变量、对数据源进行抽样等。所有这些前期工作对数据挖掘的效果产生重大影响。而数据关联挖掘的结果也需要运用统计分析的描述性指标(如最大值、最小值、平均值、方差等)进行具体描述,以使数据挖掘的结果能够被用户了解。因此,统计分析和数据关联挖掘是紧密结合的过程,两者的合理配合是数据关联性挖掘成功的重要条件。

(2)数据关联挖掘不是为了替代传统的统计分析技术,相反,数据关联挖掘是统计分析方法的扩展和延伸。

大多数的统计分析技术都基于完善的数学理论和高超的技巧,其预测的准确程度令人相对满意,但对使用者的知识要求比较高。而随着计算机能力的不断发展,数据关联挖掘可以利用相对简单和固定程序完成同样的功能。新的计算算法的产生,如神经网络、决策树等,使人们不需要了解其内部复杂原理,也可以通过这些方法获得良好的关联性规则的挖掘。

(3)数据关联挖掘的出现为统计学提供了一个崭新的应用领域,也对统计学的理论研究提出了挑战。

数据关联挖掘的方法主要是一些机器学习算法,包括决策树、关联分析、人工神经网络等。近些年,统计学的加盟使这些方法焕发出勃勃生机,现有的机器学习算法均离不开统计学知识,数据关联挖掘技术有相当大的比重是由高等统计学中的多变量分析支撑的。

(4)统计学与数据关联挖掘的结合日益紧密。

统计学与数据库、人工智能一起作为数据关联挖掘的3个强大支柱,它在计算机发明之前就诞生了。

统计学在数据关联挖掘方法创新方面做出了极大的贡献,如统计理论在人工神经网络技术中的应用——概率分析网(PLN),统计思想在数据挖掘学习方法上的贡献——贝叶斯网络,统计学在遗传算法中的应用——概率进化算法(PEMA)。数据关联挖掘正是利用了统计学和人工智能等技术的应用程序,把这些复杂的技术封装起来,解决自己的问题。

统计关联的实质是两个事件在统计学概念上的相互关联,是一种基于某种分布、可以通过统计的方法显示不同数据子集之间关系的规则,它为其他关联规则的生成提供统计确认其有效性。统计关联规则的优点是不需要将数据离散化,因为离散化过程可能会导致信息丢失,往往扭曲挖掘算法的计算结果。

统计关联最常用于一些统计数值上存在关联的案例中。例如,在自然语言处理领域中,英语的文学作品存在着统计关联的关系。不同时代的作品看似在内容的选材、所处年代上都不存在关联,因此可能认为不同作品单词的组合也不存在关联性。但是,通过统计关联分析发现,字母之间呈现较强的相关性,不同的作品其词汇的组成具有较强的统计关联性,这也为后来自然语言处理领域的发展奠定了坚实的基础。由此可见,统计关联在事件关联中起着重要的作用。

在网络安全方面,基于统计的关联性分析是指定义一些大的安全事件类别,将出现的事件先归类,然后根据各大类在一段时间内出现的事件安全级别和数量用权值评估攻击和关联性。分析这些权值可以确定发生这种类型攻击的危险程度,同时可将多次统计得到的高安全级别、已确定为攻击或入侵的事件再定义为规则,以此丰富规则库。

5.3.3　时序关联

时间序列是指按时间顺序排列的随时间变化的数据集合。这些数据通常是等时间间隔测得的数值,在经济、技术的很多领域都广泛存在,如股票每日波动、科学实验、医疗等。随着信息技术的广泛使用,人类拥有的时间序列信息量急剧增加。针对这些海量历史时序数据,如何利用新的技术方法将其转化为可靠的知识信息,提高人类对未来的预测能力以及对未来事件的提前控制能力,一直受到人们的密切关注。关于时间序列的分析,可以用很多直观的方法检测时间序列中存在的变化。实际的时间序列数据有时要作某种形式的变换,这样做不但可以稳定时间序列变化,而且可以解决数据的维度灾难问题。时间序列时序关联规则挖掘如图 5-5 所示。

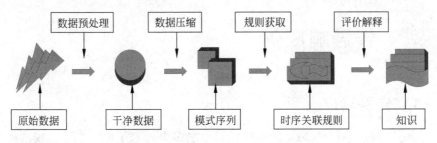

图 5-5　时间序列时序关联规则挖掘

在关联规则挖掘的研究历程中,一个新的关联规则挖掘问题——时序关联规则挖掘被 Agrawal 等人提出。该挖掘算法最初的应用是商品关联性分析,当时的输入数据是一系列的序列,被称为数据序列。每个数据序列都由一系列交易记录构成,每个交易记录由一系列商品构成,并且每个交易记录都会有一个交易时间。时序规则由一系列商品构成,时序关联规则挖掘的目的就是发现满足最小支持度的时序规则。

时序挖掘的研究最初是由零售业中的相关应用驱动的,但是研究的结果被应用到许多科学和商业领域。举例来说,在一个图书超市的数据库中,每个数据序列对应一个顾客的所有图书选择,每条交易记录对应一个顾客在一次订购中的图书清单。一个时序规则可能是"5%的学生购买网络安全教材,接着会购买防火墙技术及应用教材,再接着会购买黑客攻防从入门到精通教材"。时序规则里的元素可以是一系列的商品,如"网络安全教材和防火墙技术及应用教材,接着黑客攻防从入门到精通教材"。

时序关联规则就是对时序数据库采用某种数据挖掘算法,得到具有时间约束的关联规则。与一般的布尔型关联规则最大的区别在于,时序关联规则与时间或时态密切相关。

时序关联是指对某一长度固定的序列进行分段处理,分段之后,将每个分段内各个序列项对应的顺序时间位置作为不同的属性集合,并给出每个属性划分的阈值区间,再将每个分段的时序进行关联性分析,这就是时序关联的步骤。关联规则挖掘中采用的 Apriori 特性可用于时序关联规则的挖掘,因为若长度为 k 的时序关联规则是非频繁项,那么其超集(长度为 $k+1$)不可能是频繁项。因此,时序关联规则的大部分都采用了 Apriori 系列算法的变体,虽然考虑的参数设置和约束都有所不同。另一种挖掘此类规则的方法是基于数据库投影的序列模式生长技术,类似于无候选生成的频繁模式挖掘的频繁模式增长法。

5.3.4 跨设备事件关联

跨设备事件关联规则,是指将不同设备间的告警信息做关联,利用告警在设备之间具有传递的功能,从而发现不同设备之间的关联规则,便于快速定位故障所在位置。

跨设备事件关联技术通过跨设备收集而来的数据进行严密的关联分析,从而更好地了解看似无关的,但设备之间存在着理论相关性的关联分析。当数据分组从一个设备传送到另一个设备中时,由于保持着时间的顺序性,所以可以通过分析与两种设备均相关的告警方面的知识进行关联性分析,从而更快、更准确地定位出故障所在位置。

5.4 告警响应

5.4.1 告警响应介绍

在实际的网络中,一个故障的产生往往会引发多个告警事件。告警出现的突然性和不可预测性很强,致使准确、及时地分离和定位产生告警的根源很重要,也非常困难。而且,随着网络的复杂性和应用水平的不断提高,告警的种类和数量会越来越多,不同的网络之间存在较大的差异。网络还会频繁地发生改变。例如,功能部件的增添、修改、替换等。在网络的告警数据库中保存着大量的历史告警数据,这些告警数据或者信息不完整、或者包含较多的冗余信息,但其中却蕴含着一些有价值的信息。为了找出告警中有价值的信息,以便准确进行网络故障定位和诊断,需要对大量的告警数据进行相关性分析,即通过屏蔽不必要的或者不相关的告警,减少告警干扰,快速进行网络的故障诊断和定位。告警关联性分析实质上就是对来自一个或多个告警源的告警信息进行过滤、压缩、泛化、分类和模式匹配,以便进行故障识别和重大故障的预测。所以,要想准确定位故障,除了选择合适的基于数据挖掘的告警相关性分析算法,也要全面了解告警的方式,即如何响应报警以及告警的查询方式、告警的存储等。最后,将分析结果应用到告警相关性分析系统中,以实现网络故障的识别和重大故障的预测。全方位地了解告警的知识有助于快速进行告警关联性分析。

在网络安全领域中,信息通信网络各种数据信息业务的需求成为网络告警不可避免的重要增长因素,同时具有数据总量庞大、突发告警波动、网络传播效应、积累效应与滞后效应、故障信息冗余等特点。通过告警特征分析将有助于告警之间的关联规则挖掘分析。具体来说,告警的特点主要有以下 3 点。

(1) 数据总量庞大,误报率高。信息通信网络业务种类多样化、网络规模延展化、拓扑结构紧密化以及网管监控集中化等特点,导致现行网络的告警和故障数量庞大。

(2) 突发告警波动,告警信息琐碎。从告警监控管理角度而言,网络设备故障告警具有一定的不可预见性。核心设备死机将造成与之交互信息的整个网络大面积瘫痪,告警激增不可避免;同理,如果故障及时得到维护与处理,告警量将在短时间内消除。例如,网络管理系统发现有外来入侵导致系统某处产生告警,相关设备上将出现告警,当告警被发现并及时处理后,告警将会消失。

(3) 故障信息冗余。单一故障产生的告警会导致网络设备关联部件报警,因此需要从多个告警中找出根源问题的告警。

这样的告警信息直接影响对故障或攻击的分析和及时响应,也将占用大量的处理时间。下文以告警响应为核心,依次介绍告警产生的表现方式、告警的响应方式以及如何进行告警的查询。

5.4.2 告警方式

网络告警是通信设备运行异常时触发的消息(如设备板件故障、设备壳体通风散热不畅导致温度过高、网络被入侵产生告警等),每条告警消息均表征其唯一的运行状态。由于各设备厂家不同类型系统设备的告警消息机制和内容含义存在差异,因此无法对全行业网络设备进行统一、标准、规范的要求,但是可以通过特定的标准化字段进行规范。一般的网管系统告警标准化字段是网管系统中通用的一些字段,如设备告警发生时间、设备告警消除时间等一系列字段。

在网络设备中,告警主要以短信告警方式、多媒体语音告警方式、邮件告警方式、发送SNMP Trap、通知方式告警以及传输文本日志方式告知网络安全管理人员。其中,多媒体语音告警(如电话告警)以及短信告警是以最直接、快捷的告警形式告知管理人员设备出现故障,但管理人员往往并不能及时得到故障出现的原因和故障类型。SNMP Trap 和通知告警方式、日志告警和邮件告警方式主要通过网络的形式告知管理人员,告警内容丰富,但存有大量冗余告警信息,因此分析起来复杂、耗时。

电话告警是指在系统发生告警信息时,通过网络 IP 电话拨号拨打工作管理人员的手机号码。一般网络设备的语音电话盒与计算机或者网管系统组合使用,通过计算机向语音电话盒发送要拨打的电话号码和语音代码,电话盒收到数据后拨打对应的号码,并把语音代码转换成音频信号,当电话打通后发送语音。如果电话拨号失败,电话盒会把信息返回给网络设备或计算机。电话告警适合远距离语音播报。

如果网络设备中带有支持通信信息传输的芯片或手机电话卡时,还可以通过短信告警的方式告知管理人员,即系统报警时,短信模块会通过手机卡发短信提示工作人员。操作人员可以通过短信的方式授权网络设备中的 SIM 卡并设置短信提示格式,若设备发生告警,网络设备会将短信发至管理人员的手机端。短信告警更适合一些不影响系统短时间内正常运行的告警播报。

- 简单网络管理协议(SNMP)是 TCP/IP 协议簇的一部分,它使网络设备之间能够方便地交换管理信息,能够让网络管理员管理网络的性能,发现和解决网络问题,及时进行网络的扩充。目前,SNMP已成为网络管理领域中事实上的工业标准,并得到广泛支持和应用,大多数网络管理系统和平台都是基于SNMP的。

文本日志告警方式以日志的方式存储在设备内部,网络安全管理人员通过设备导出或者网络传输方式传输网络安全日志,对日志进行分析,从而定位故障。日志告警主要以属性的键值对形式呈现给网络安全管理人员,每条日志告警的种类分为简单告警和复杂告警。两种告警方式的定义如下。

1. 简单告警

<SimpleAlert> = <AlertId>, <AlertTypeId>, <Time>, <Source>, <InformationList>, <RiskLevel>, <Confidence>

简单告警由一个七元组构成并唯一确定,该七元组包括告警ID,用于唯一确定一条告警,一般使用GUId保证告警在整个安全域的唯一性;告警类型ID,标志告警的类型,是用于告警关联的关键字段,用以区分发生告警的设备类型和告警类型,通常可以用一个6位字符串标识(AA-BB-CC),前两位表示告警产生的设备类型(如主机、防火墙等),中间两位表示告警大类(如拒绝服务类攻击、扫描类攻击、渗透类攻击、主机高危事件等),最后两位表示告警细类;告警发生时间;告警来源,产生告警的设备;详细信息列表,不同类型的告警具有不同数据结构的详细信息列表,如主机文件操作告警包含操作者、文件名、操作方式等信息,入侵检测事件包含源地址、目的地址等信息;危险级别,告警的严重程度;置信度,告警发生的概率由历史告警数据库统计得到。

2. 复杂告警

<ComplexAlert> = <AlertId>, <AlertTypeId>, <StartTime>, <EndTime>, <SourceList>, <InformationList>, <RList>, <RiskLevel>, <Confidence>

复杂告警由一个九元组构成并唯一确定,该九元组包括告警ID;告警类型ID;告警开始时间、告警结束时间,标志从触发关联的第一条告警到关联结束的最后一条告警的时间段;告警来源列表,指被关联的简单告警的告警来源的集合;详细信息列表,指被关联的简单告警详细信息的集合;参数表,高级告警融合过程中使用的参数,如时间窗口;危险级别,告警的严重程度;置信度,告警发生的概率,由历史告警数据库统计以及贝叶斯网络计算得到。

通过上面的介绍,可以了解到网络的多种告警方式,当仪器接收到告警时,网络设备也会有相应的响应方式和策略。

5.4.3 响应方式

当网络设备遭遇攻击或是有故障时,设备会以告警的方式将警报传送给管理人员,与此同时,网络安全设备会对告警信息做出响应。常见的告警响应方式有执行告警命令脚本、不同安全系统联动和发送Syslog消息给网络安全管理人员等。本节将围绕3种典型的方式描述告警的响应方式。

1. 执行告警命令脚本

告警发生后,网络设备或计算机结合脚本语言的解释执行的灵活性,用脚本语言制作应用程序,向网络管理人员发送告警信息或在必要的时候关闭相应的设备模块,从而避免网络设备遭遇毁灭性打击。首先,简要介绍一下脚本语言的概念。计算机语言是为了实现各种目的和完成任务而开发的。脚本语言又叫动态语言,是一种编程语言,用来控制软件应用程序,通常以文本(如 ASCII)保存,只在被调用时进行解释或编译。大多脚本语言的共性是:良好的快速开发,高效率的执行,解释而非编译执行,和其他语言编写的程序组件之间通信功能很强大。有些脚本是为了特定领域设计的,但通常脚本都可以写得更通用。大型项目中经常把脚本和其他低级编程语言一起使用,发挥各自的优势解决特定问题。脚本经常用于设计互动通信,它有许多可以单独执行的命令,可以做很高级的操作,这些高级操作命令简化了代码编写的过程。在更低级或非脚本语言中,内存及变量管理和数据结构等耗费人工,解决一个特定问题需要大量代码。

综上所述,脚本编程速度更快,且脚本文件明显小于常用编程语言生成的程序文件。在网络设备或者计算机运维过程中,经常需要对网络设备的各种资源进行监控,如网络设备内存溢出,检测进程 CPU 利用率,系统出现异常或遭受攻击时的及时报警,需要通知管理员等。Shell 脚本语言可以在网络设备的某个指标超过阈值发生告警后提供给网络安全管理员发送邮件、短信的功能。这是在告警产生后,网络设备响应告警的一种典型方式。

2. 系统联动

随着计算机通信技术的进步,网络恶意行为日趋复杂和多样,越来越多的研究工作关注多网络安全设备的融合和协同,以应对大规模分布式网络安全事件。例如,美国加州大学 Davis 分校在 20 世纪 90 年代就研发了分布式入侵检测系统(Distributed Intrusion Detection System,DIDS),把分散部署的若干个网络监视器和主机监视器收集的信息送到中心节点 DIDS Director,利用多个网络设备的联动进行集中分析处理等。这些研究工作针对告警信息的来临,主要利用网络设备的联动对告警进行实时的响应。

现在复杂的网络应用环境和多样的攻击与入侵手段使信息系统面临的安全威胁越来越大,安全问题日益突出,使得孤立的安全设备难以有效应对,它们仍停留在"单兵作战"的局面,只能对网络形成孤立、静态、单一的防护。要消除日益复杂的网络安全威胁,需要从系统全局、从整体和设备联动的角度解决网络安全问题,依据统一的安全策略,以安全管理为核心,形成完整的系统安全防护体系。

联动从本质上来说,是安全产品之间的一种信息互通机制,其理论基础是:安全事件的意义不是局部的,将安全事件及时通告给相关安全系统,有助于从全局范围评估安全事件的危险,并在适当位置采取动作。它不仅局限于防火墙与入侵检测之间,还涉及很多其他的安全部件,只要在某个节点发生了安全事件,无论是一个简单系统捕捉到的原始事件,还是一些具有分析能力的系统判断出来的,它都可能需要将这个事件通过某种机制传递给相关的系统。这里的机制即能支持众多安全设备的某种开放协议等。

联动技术的提出体现了智能化网络安全管理的潮流,它能够有机整合各种网络安全技术,全面部署网络安全防御体系,有效提升网络性能。通过联动使各安全设备做到资源整合,协同工作,产生"1+1>2"的合力。

网络安全的设备联动是根据事先设定的工作任务,协调多种类型网络设备共同合作,利用这些设备提供的信息,挖掘、分析各种异常网络行为。当前,网络攻击行为已经逐步向高层转移,攻击者不再利用操作系统和网络设备本身安全问题入侵和攻击,而是将攻击的目标转向高层应用。与此同时,目前常见的网络攻击手法也融合了多种技术,如蠕虫就融合了缓冲区溢出技术、网络扫描技术和病毒感染技术。在网络攻击复杂化的情况下,设备联动是一种很好的告警响应方式。例如,IDS 和 IPS 的联动,IDS 按照一定的安全策略,对网络、系统的运行状况进行监视,尽可能发现各种企图、攻击行为或者攻击结果,以保证网络系统资源的机密性、完整性和可用性;当 IDS 技术无法应对一些安全威胁时,IPS 技术可以深度感知并检测流经的数据,对恶意报文进行丢弃,以阻断攻击,对滥用报文进行限流,以保护资源。IDS 的核心价值在于通过对全网信息的分析,了解系统安全状况;而 IPS 更像是对 IDS 的一种更深层次的完善,针对 IDS 无法检测到的攻击进行抵御,从而保护系统。不仅仅是 IDS 和 IPS 联动,防火墙和 IDS 的联动、防火墙和 UTM 的联动都可以有效地应对告警,响应告警。

联动方式又分为直接联动和间接联动。以防火墙和入侵检测为例,联动方式是指防火墙和入侵检测作为两个独立子系统存在,单独完成各自的任务,并具有相应的通信接口进行信息共享和互动,实现一体化的主动防御。当入侵检测系统发现网络中的数据存在攻击企图时,便立即通知防火墙,更改防火墙的安全策略,从攻击源头上进行封堵。这其中又分为直接联动和间接联动两种方式。

- 直接联动:即让防火墙与入侵检测系统直接进行交互,通过统一的开放接口,按照某种固定协议进行安全事件的传输。通信双方可以事先约定并设定通信端口,相互正确配置对方的 IP 地址,防火墙作为服务端,入侵检测系统作为客户端,由入侵检测系统向防火墙发起连接。这种联动方式响应速度较快,但还是缺少子系统之间的综合分析,易生成错误的防火墙访问控制规则,导致防火墙性能下降。
- 间接联动:指通过第三方(如联动控制台、网管系统等)实现防火墙和入侵检测系统之间的通信。使用这种方式,可以对子系统之间的信息进行综合推理、分析,不仅可以减少系统间的通信流量,而且可以提高报警的准确率,减少误报率。分析后的报警数据也可以用来制定相应的防火墙访问规则,以进行主动防御。同样,防火墙也可以反馈信息给联动控制台或者网管系统,以进行安全策略或控制规则的调整。而且,当加入相关管理功能后,使用网管系统或者联动控制台还可以直接对各个子系统进行控制和管理,将网络安全与管理融为一体,以方便网络管理员操作。

3. 发送 Syslog 运维日志消息

随着互联网技术的飞速发展和移动应用的推广普及,人们的日常生活与工作已与网络建立了密切联系。确保网络的可用性与稳定性成为网络运维部门的重要目标。在传统运维模式下,运维部门被动响应和处理网络故障的方式就是解析 Syslog 日志记录。在实际网络运维中,通常会使用 Syslog 日志记录网络运行过程中设备上发生的事件,所有的设备的日志信息将会发送到 Syslog 服务器集中存储。Syslog 日志在网络运维中具有较高的分析价值和用途,不仅可用于故障分析,还可用于发现网络的异常情况、网络安全威胁、用户行为分析等诸多方面。

在网络安全领域,当告警产生后,网络设备向管理员发送告警运维日志是最普遍的一种告警响应方式。UNIX/Linux 系统中的大部分日志都是通过 Syslog 的机制产生和维护的。Syslog 是一种标准的协议,分为客户端和服务器端,客户端是产生日志消息的一方,而服务器端负责接收客户端发送来的日志消息,并做出保存到特定的日志文件中或者其他方式的处理。

Syslog 日志作为告警响应的一种常见方式,在大规模网络中,对于网管人员分析工作存在一定的难度,主要有以下两点。

(1) Syslog 日志格式随意性大。Syslog 协议虽然对日志格式提供了可行的建议,但在实际情况下,由于协议标准晚于设备厂商出现,因此各厂商 Syslog 日志格式存在显著差异。为了解决这个问题,许多 Syslog 分析工具都需要建立一个日志库,预先将各种可能出现的日志记录到库中,然后对该日志定义处理规则。这种基于规则的日志分析法适合小型的网络运维,然而在涵盖各种不同设备的复杂网络中,规则库的建立与维护增加了运维人员的负担,也容易成为运维工作的瓶颈。

(2) 日志信息量非常大。大型网络中,由于网络设备日趋增加,而且技术复杂度高,网络中每天新产生的日志数量可以达到数以万计。显然,依靠人工分析方法无法完成日志分析工作。

5.4.4 告警查询

在网络安全领域中,网络设备承载着大量的业务需求和安全隐患,所以要及时发现设备和网络的异常状态,及时可靠地查询告警信息,对告警信息进行正确分析、及时处理显得尤为重要,这是保证网络安全稳定运行的有效措施。本节主要介绍设备告警查询的方法和一些通用的告警查询流程以及注意事项。

告警一般可以在设备或网管上进行查看或查询。在设备上查询告警有两种方法:一种是在设备机的机柜上有告警指示灯,提示维护人员有告警发生;另外一种方法,可以查看设备硬件板上的告警指示灯,如用指示灯闪烁频率或颜色变化显示正常状态或故障状态。设备上的指示灯显示模式数量较少,告警信息显示不完全,通过设备查看告警只能了解到是否有告警以及告警的级别,不能有效地反映当前故障的详细情况,需要管理人员在网管系统中进行查询。网络管理系统的出现给维护人员的工作带来了极大的便利,使用网管系统查询告警信息,可以查询到网络中存在的各种类型的告警,也可以查询到某个单独网元的更细颗粒度的告警信息,进一步可以定位到某一个模块上的告警信息。由于设备上的告警信息有限且内容较少,因此本节接下来将详细说明一般网络管理系统上的告警查询步骤和注意事项。

首先,一般的网管系统要对全网告警进行核对,确保网管上的显示内容与设备上产生的告警一致,保证告警的全面性,防止遗漏某些重要的告警信息;其次,查询紧急告警,紧急告警是告警类别中首先需被解决的告警类型。通过查看告警级别、名称、告警源、定位信息与告警事件迅速判别告警出现的位置进行故障消除,能在网管上利用软件消除的告警需要迅速处置,需要其他维护人员配合处理的,立即调动人员处理,直至消除当前出现的紧急告警;然后,查询网管系统中的重要告警,通过系统中已有的关于该类告警的名称、源头和定位信息处理这些告警,消除所有的重要告警。最后,不能忽略次要告警。次要告警虽然不影响业务,在处理告警时可以忽略这些因为网络不正常产生的此类告警,但是次要告警往往预示着网络已经产生故障,并可能随时中断业务的故障,需要定时巡视、及时处理这些告警。

告警查询属于查询类操作,一般不存在危险操作,但需要注意以下 3 种情况。

(1) 告警时间要保证准确。

告警产生时间提取的是网元本身的时间,所以要将所有网元的时间保持一致,告警上报时才能反映出实际故障时间,有利于分析处理。

(2) 告警确认、删除需慎重。

当有告警产生时,若没有找出故障原因,不允许对告警确认或删除,否则将给处理故障带来不便。所以,网管维护人员操作时要小心谨慎,对待告警状态不要轻易进行删除操作,这是本着对网络和设备安全运行的考虑。

(3) 查询告警后,对网管数据进行数据备份。

5.5　实时统计分析

本节主要介绍关联分析后的事件及其事件之间的关系,通过可视化的方式展现出来。可视化的方式主要有事件全球定位系统、动态雷达图、事件行为分析和主动事件图。

5.5.1　事件全球定位系统

全球定位系统(Global Positioning System,GPS)可以结合地图的可视化,清晰、准确地定位出事件发生的地点以及与该事件相关事件发生的位置,便于挖掘事件之间的关联关系。

事件全球定位系统(incident Global Positioning System,iGPS)主要应用于网络安全方面的事件定位。iGPS 利用 IP 地址与 GPS 导航定位事件。具体来说,IP 地址可以区别设备或者网络所在地区的特性,同时利用 GPS 地图定位事件源/目的告警事件的地理位置。通过这种事件可视化技术,用户可以直观地定位到事件的来源和目标。

5.5.2　动态雷达图

雷达图也称为蜘蛛图、蛛网图、星状图、极区图,是一种以二维形式展示多维数据的图形,目前主要应用在财务分析报表上。雷达图从中心点出发辐射出多条坐标轴(至少多于3条),每一份多维数据在每一维度上的数值都占用一条坐标轴,并和相邻坐标轴上的数据点连接起来,形成一个不规则多边形。如果将相邻坐标轴上的刻度点也连接起来,以便于读取数值,整个图形形似蜘蛛网,或雷达仪表盘,因此被称作雷达图。简单的雷达图示例如图 5-6 所示。

雷达图的一个典型应用是显示对象在各种指标上的强弱。由于其具有多条坐标轴,因此能轻易地处理不同维度单位不同的情况。另外,即使在每个维度单位、范围相同的情况下,雷达图也比传统的条形图具有更强的视觉冲击力,能给枯燥单调的数据增色不少。雷达图特别适合于展示在某个属性上特别突出的对象,也可以突出在所有属性上数值都有较大的对象。但一般而言,雷达图不太适合比较不同属性的值,这是因为人眼对成角度的线段长度差异不敏感。

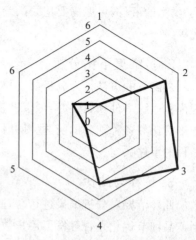

图 5-6　简单的雷达图示例

在告警级别可视化中,雷达图扮演着重要的角色。雷达图适合于展示某个属性突出的对象,告警的严重性和数量正是网管系统可视化中所需展示的重要属性对象。动态雷达图是指实时地将当前系统接收到的事件按照严重性和数量动态以时间切片的方式展现在雷达窗口中,这样管理员可以了解当前阶段的安全态势,以便采取相应的应对措施。

5.5.3　事件行为分析

事件行为分析法主要研究某行为事件的发生对其他事件产生的影响以及影响程度。在企业运营中,多数企业借此追踪或记录用户行为或业务过程,如用户注册、浏览产品详情页等,通过研究与事件发生关联的所有因素挖掘行为事件背后的原因、交互影响等。事件行为分析法具有强大的筛选、分组和聚合能力,逻辑清晰且使用简单,已经被广泛应用。简单地说,事件行为分析是可视化事件关联关系的一个重要手段。事件行为分析法最早应用于金融领域,是一种通过金融数据分析某一特定事件对某公司市场价值影响的实证研究方法。该方法具有研究理论严谨、逻辑清晰、计算过程简单等优点,已被运用到越来越多的领域研究特定事件对整个组织行为的影响。

事件行为分析法一般包含事件定义与选择、多维度下钻分析、解释与结论等环节。

1. 事件定义与选择

事件描述的是一个用户在某个时间点、某个地点、以某种方式完成了某个具体的事情。Who、When、Where、How、What 是定义一个事件的关键因素。其中,Who 是参与事件的主体,对于未登录用户,可以是 Cookie、设备 ID 等匿名 ID;对于登录用户,可以使用后台配置的实际用户 ID;When 是事件发生的实际时间,记录精确到毫秒的事件发生时间;Where 即事件发生的地点,可以通过 IP 解析用户所在省市,也可以根据 GPS 定位方式获取地理位置信息；How 即用户从事这个事件的方式，如用户使用的设备、浏览器、App 版本、渠道来源等；What 描述用户所做的这个事件的所有具体内容。例如，对于"购买"类型的事件，可能需要记录的字段有商品名称、商品类型、购买数量、购买金额、付款方式等。

2. 多维度下钻分析

最高效的事件行为分析要支持任意下钻分析和精细化条件筛选。当事件行为分析合理配置追踪事件和属性时，可以激发出事件分析的强大潜能，为企业回答关于变化趋势、维度对比等各种细分的问题。同时，还可以通过添加筛选条件，精细化查看符合某些具体条件的事件数据。

3. 解释与结论

此环节要对分析结果进行合理的理论解释，判断数据分析结果是否与预期相符，如判断产品细节优化是否触发了用户数。如果相悖，则应针对不足的部分进行再分析与实证。

在网络安全领域，可视化的主要对象是告警产生的关联关系，而关联关系的主体是用户（IP）。事件行为分析在网络安全方面的应用就是将一段时间内的事件按照不同的属性进行排列和连接，形象地展示在坐标轴上，让管理员一目了然地看到事件代表的用户（IP）行为。图 5-7 是网络安全中的一个简要事件行为分析图。

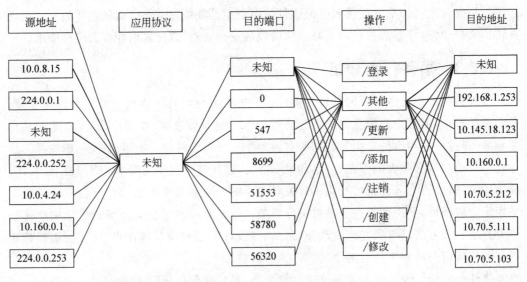

图 5-7　网络安全中的一个简要事件行为分析图

5.5.4　主动事件图

事件是人类社会的核心概念之一，人们的社会活动往往是事件驱动的。事件之间在时间上相继发生的演化规律和模式都是一种十分有价值的知识。然而，当前的知识图谱和语义网络等知识库的研究对象都不是事件。为了揭示事件的演化规律和发展逻辑，前人提出了事件图的概念,作为对某些事件关系和演变的直接刻画。

事件图是一个描述事件之间顺承、因果关系的事理演化逻辑有向图。事件图中的事件用抽象、泛化、语义完备的谓语词语表示,其中含有事件触发词,以及其他必需的成分保持该事件的语义完备性。事件间的关系分为顺承关系和因果关系。事件间的顺承关系指两个事件在时间先后上发生的时序关系;事件间的因果关系指在满足顺承关系时序约束的基础上,两个事件间有很强的因果性,强调前因后果。

主动事件图(Active Incident Diagram)可以将事件之间的关联关系可视化为一幅事件图,形象地展现出当前事件网络的关系和状态,如图 5-8 所示。在网络安全领域,主动事件图是可视化关联关系的一个重要工具,告警经过关联性分析后,数以千条的告警关联关系以 IP 地址为源/目的地址,通过主动事件图可视化出不同地区告警的关联关系。

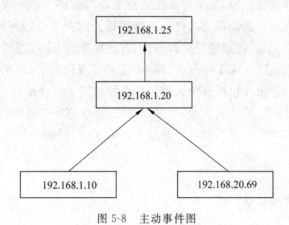

图 5-8 主动事件图

思 考 题

1. 实时关联性分析在网络安全中产生的背景是什么?试着简述实时关联性的优缺点。

2. 事件关联方式主要有几种?简述这几种关联方式。

3. 告警响应中主要有哪几种告警方式和响应方式?其优缺点分别是什么?

4. 试简述告警查询中需要注意的安全事项。

5. 告警关联性分析有几种可视化分析方式?分别简述这几种可视化方式。

6. 请简述动态雷达图的优缺点及在网络安全方面的运用。

7. 简述行为分析法的步骤。

第 6 章 查询与报表

6.1 概述

    日志数据经过存储之后,日志审计系统还将提供日志的查询和报表功能。系统通过事件列表形式向用户显示查询历史事件和分析数据。用户可以根据需求的不同,设置不同条件下的事件查询场景,进而通过单击事件,方便地查看不同场景下的历史事件的分析统计数据。系统管理员可以将事件分析的结果生成可视化报表,作为工作内容汇报的一部分提交给相关部门。报表包括系统预定义报表和自定义审计报表。用户可以运行和调度这些系统中已经存在的预定义报表,也可以创建、修改自定义的审计相关报表。本章将详细介绍事件查询和报表的相关知识。通过本章的学习,理解事件查询的几种方式以及报表的分类。

6.2 事件查询

    数据库中的数据表往往包含大量数据,用户一般很少需要查询表中所有数据行的信息,只在某些查询场景中寻找其中一些满足特定条件的信息即可。普通的条件查询就是按照已知确定的条件进行查询,模糊查询则是通过一些已知但不完全确定的条件进行查询,查询的功能是通过 SQL 语句在数据库中进行操作实现。

    结构化查询语言(Structured Query Language,SQL),最早是由 IBM 公司的圣约瑟研究实验室为其关系数据库管理系统 SYSTEMR 开发的一种查询语言。它的前身是SQUARE 语言。SQL 结构简洁,功能强大,简单易学,因此自从 IBM 公司 1981 年推出以来,SQL 得到了广泛的应用。如今无论是 Oracle、SQL Server 这些大型数据库管理系统,还是 Access 这些常用的数据库开发系统,都支持 SQL 作为查询语言。SQL 可以创建、维护、保护数据库对象,并且可以操作对象中的数据,对数据进行增、删、改、查 4 种操作。查询则属于 SQL 对数据的查询模块,又被称作 Data Query Language (DQL),其主要 SQL 关键字为 SELECT,而查询满足条件的数据记录是通过 WHERE 子句实现的。

6.2.1 普通条件查询

    奇安信网神 SecFox 日志收集与分析系统主要通过普通查询对日志事件进行审计。普通查询根据用户提供的一些确定条件进行事件的查询。

例如,奇安信集团的网神 SecFox 日志收集与分析系统的普通查询界面中的菜单列表类型主要有系统类型、安全事件接收的时间、安全事件等级、源地址 IP、源端口、目的 IP 地址、目的端口以及设备类型和设备地址。用户可以根据条件查询查询出事件的详细信息,包含大多数人感兴趣的事件发生时间、地点以及安全等级等。

6.2.2 模糊查询

由于模糊性普遍存在于人类思维和许多客观事物中,而计算机依据传统的数学方法,不能处理模糊事物,因此模糊技术应运而生。目前,模糊技术的研究已经得到了较大的发展,被成功应用到生产、医疗、气象预报及工程技术等多个领域,并取得了较大成功。与此同时,基于人们日常生活中对信息检索的模糊性需求,模糊处理技术也在信息检索领域得到了广泛应用。

一般来说,人们对模糊检索的渴望来源于两方面原因:一方面是人们在进行信息检索时,使用自然语言表达的时候,由于自然语言本身具有模糊性或不确定性造成查询表述时的模糊;另一方面,查询的数据对象本身是包含模糊信息的。考虑以上两方面的因素,现有的模糊查询方法基本上可分为精确数据对象上的模糊查询和构建模糊数据模型存储模糊信息及在其上的模糊查询两大类。

目前,根据查询对象的存在形式,模糊查询方法的研究涵盖了关系数据库、异构或半结构化数据、分布式数据库、图数据等的模糊查询。

模糊查询的定义是:令 R 是数据库中的一个模式为$(A_1, A_2, \cdots, A_m)$且包含 n 条元组$\{t_1, t_2, \cdots, t_n\}$的关系,$\tilde{Q}$ 是给定在关系 R 上的一个合取查询,形式为 $\tilde{Q} = \sigma^{\wedge}_{j \in \{1,2,\cdots,k\}} \tilde{C}_j$,其中,$\tilde{C}_j (j = 1, 2, 3, \cdots, k)$,$k \leq m$ 代表一个基本查询条件,若该基本查询条件中包含模糊词或模糊关系,则称其为模糊基本查询条件,若 $\tilde{Q}$ 中至少存在一个模糊基本查询条件,则称 $\tilde{Q}$ 为一个模糊查询。

1. 模糊词作为操作数

规则关系作为操作符与模糊词作为操作数构成的模糊基本查询条件,形式为 $A\theta\tilde{Y}$,其中,A 代表属性,θ 代表规则关系“=”,$\tilde{Y}$ 是作为操作数的模糊词。模糊词有 3 种:简单模糊词(Simple Fuzzy Term)、复合模糊词(Composite Fuzzy Term)以及混合模糊词(Compound Fuzzy Term),它们的含义都可由模糊集合表示。

简单模糊词,如“young”或“old”,它们的含义是从主观上定义的。

复合模糊词,如“very young”或“more or less old”,由修饰模糊词的语气算子(如“very”“more or less”)和简单模糊词构成,它的含义也是用隶属函数定义,但这里的隶属函数不是直接定义,而是通过相对应的简单模糊词的隶属函数推算得到的。

混合模糊词,如“young ∪ very young”,其隶属函数是由代表简单模糊词或复合模糊词的模糊集通过并、交或补运算得到的。

2. 模糊关系作为操作符

模糊关系作为操作符与精确数值作为操作数构成了模糊的基本查询条件。模糊关系

close to、not close to、at least、at most、not at least、not at most 可被分别看作模糊等于、模糊不等于、模糊大于或等于、模糊小于或等于、模糊大于和模糊小于。这种规则可用于数据库的模糊查询处理。

3. 数值区间作为操作数

规则关系作为操作符与数值区间作为操作数构成的基本查询条件,形式为 $A\theta Y$,其中 A 代表属性,θ 代表规则关系"between",Y 代表一个精确数值区间,用 $[Y_1,Y_2]$ 表示,$A\theta Y$ 可表示为"A between Y_1 and Y_2"。这里,$A\theta Y$ 虽然是一个精确基本查询条件,但考虑实际应用中靠近数值区间 $[Y_1,Y_2]$ 边界的数据也在一定程度上满足该基本查询条件,因此本章将其作为一个模糊基本查询条件,并按照用户对该基本查询条件的重视程度以及用户(或系统)给出的阈值对其进行模糊扩展,即扩大该基本查询条件的选择范围,从而为用户提供近似匹配的查询结果。

通过模糊查询可以用于搜索关键字的同义词,提高搜索的精确性。当搜索的目标不是很明确的时候,就可以进行模糊搜索。在无法获得准确查询信息的时候,通过模糊查询可以进一步缩小搜索范围,加快搜索、查询的速度。

奇安信集团的网神 SecFox 日志收集与分析系统提供大量模糊词的模糊查询,意在使用户能够最大限度地查询到自己感兴趣的网络安全事件。很多用户无法获取安全事件的关键条件信息,通过一些模糊查询手段,如"不大于""至少"这些模糊词,查询到和该安全事件相关的部分事件,随即通过筛选的方式寻找到自身感兴趣的安全事件,大大提高用户的使用体验。

6.2.3 查询场景

事件查询场景就是管理员根据不同的需要设置的事件查询条件。不同的查询场景要求的查询方式也不相同。查询场景主要分为简单的查询、复杂的搜索条件查询以及多表查询。

6.2.2 节已经介绍了简单的条件查询和复杂的搜索查询。简单的条件查询就是查询条件已经明确,根据确定的查询条件进行 SQL 语句查询;复杂的搜索查询主要涉及模糊查询的概念,当搜寻条件不明确时,可以通过关键词的索引,利用通配符进行语句查询。

当利用 SELECT 语句查询的时候,如果想从两个表或者更多的表中进行查询,SQL将允许在 SELECT 语句中实现多表连接,使用户可以从两个表或者更多的表中连接数据进行数据检索。多表查询主要运用在需要进行跨表数据的查询场景中,所查询的数据是通过不同表连接而成的。

奇安信集团的网神 SecFox 日志收集与分析系统可以根据日志的条件查询、模糊查询对事件发生的场景进行查询分析。

6.2.4　查询任务

在做海量数据查询的过程中,一些基本查询对某些特定的用户来说是必要的,如针对一家公司来说,实时了解公司人员的薪资结构等,这种比较耗时但又必要的任务的查询被称作查询任务。详细地说,查询任务是指将用户关注的事件而且可能比较耗时的查询,做成一个查询的调度任务,让系统在后台闲暇时定时执行查询任务,用户可以在查询任务执行完成后,直接下载查询结果,避免了用户查询等待的时间,大大提高了查询的效率,节省了用户的操作时间。

6.3　日志报表的分类

6.3.1　报表概述

报表最初定义在金融财务中,为了更好地理解日志报表的含义以及分类,本节将重点介绍财务报表分析的定义和目的,以此引出日志报表的含义和目标。

在高度发展的市场经济环境下,企业的投资主体越来越多元化,与企业有着各种利益关系的企业外部组织和个人日益复杂。企业的投资者希望其投资的企业财务状况不断好转,经营成果不断增加,因此企业内部不同的投资者对财务状况的关心程度也各不相同。这些投资者并不直接参与企业的经营管理活动,当其想了解企业的财务状况和经营成果时,财务报表是其获取财务信息的有效手段。通过财务报表了解经营成果和业绩的同时,投资者也可以通过财务报表发现企业内部存在的问题,以便投资者改进对企业的管理,使得企业的经营成果增加,财务状况好转。因此,财务报表是管理者关心的重点。日志报表和财务报表相似,网管人员将日志的分析以及相关事件分析结果以报表的形式上报给运维管理者,通过日志收集与分析设备的报表功能,管理者可以清晰地了解到事件的统计情况,为分析和决策提供依据。

日志报表的目的是将企业中日志收集与分析设备近期收集和分析的结果以报表的形式呈现给公司内部运维的高层管理人员,使其了解网络安全系统的基本情况,对未来的发展有一定的规划和建议。

6.3.2　预定义报表

总体来说,报表就是用表格、图表等格式可视化数据分析的结果,可以用公式表示为:"报表=多样的格式+动态的数据"。如今,报表是企业管理的基本措施和途径,是企业的基本要求,也是实施商业智能战略的基础。报表可以帮助企业访问、格式化数据,并把数据信息以可靠和安全的方式呈现给使用者。在没有计算机以前,人们利用纸和笔记录数据,数据的表现形式只有记录、分析人员才能理解,且形式难于修改。当计算机出现后,人们利用计算机处理数据和界面设计功能生成、展示报表。计算机上报表的主要特点是数据动态化、格式多样化，并且实现报表数据和报表格式完全分离，用户可以只修改数据，或者只修改格式。常见的报表类型有财务报表、技术报表、销售报表和统计报表。另外，目前的一般简单报表操作软件主要由 Excel、Word 等编辑软件制作完成，它们可以做出十分复杂的报表格式，但是由于它们没有定义专门的报表结构动态地加载报表数据，所以一般都会使用系统中专门设计的报表软件实现"数据动态化"的特性。

日志报表就是对日志数据分析的结果以报表的形式动态展现出来，管理员可以将事件分析的结果生成报表，作为工作内容汇报的一部分提交给相关部门。报表包括系统预定义报表和自定义报表。用户可以运行和调度这些系统中已经存在的预定义报表，也可以创建、修改自定义的审计相关报表。

自定义审计报表需要花费一定的时间制作报表的样式和风格，这将大大降低生成报表的速率和效率。常用的报表软件会根据大多数企业所需的基本报表样式（如财务报表中的利润报表、工资报表）制作相应的模板作为预定义报表，供企业直接使用。

预定义报表是系统出厂设置时定义的一些通用条件下的报表，这些报表提供的图表预定义样式保存在服务器端，对整个工程模板起作用，供用户直接使用，以查看一些通用条件下的报表数据。预定义报表不允许进行添加、修改和删除操作。如必须对预定义报表格式进行修改，可以将预定义的报表内容复制到自定义报表中，在自定义报表中进行修改。

预定义报表主要应用于日志系统中最简单、基础的报表。其主要功能包括对事件的数量进行基础性的统计工作。在系统预定义报表组中，网神 SecFox 日志收集与分析系统提供了部分内置的报表，供用户直接使用，以查看一些通用条件下的报表数据。网神 SecFox 日志收集与分析系统中较常用的预定义报表场景主要有：

- 防火墙设备预定义报表：负责统计防火墙中的各目的地址、源地址、等级事件总数等基础性的报表。
- 入侵检测设备预定义报表：负责统计系统设备被入侵的源地址 IP、目的地址 IP、被入侵次数等基础性的报表。
- 应用安全预定义报表：负责对应用的安全事件进行基础性的报表统计。
- 主机安全预定义报表：负责对主机安全事件的基础性报表统计。

6.3.3 自定义审计报表

自定义审计报表区别于预定义报表之处在于，前者可以对报表结构进行添加、修改和删除操作，管理员或者用户可以根据自己的风格喜好和企业内部独特的需求制作相应的报表。自定义报表的修改即对所添加的报表进行相应的修改，删除即对已经添加好的报表进行删除操作。下面主要介绍自定义报表的添加报表功能。

在自定义的报表定义组中可以添加报表。添加报表的步骤一般分为以下 5 步。

1. 添加报表的属性信息

基本属性：包含名称、描述、标题等。

高级属性：此属性为可选属性，包含报表副标题、数据表最大行数、纸张大小、纸张方向等。

其中，用户可以根据实际情况填写各个信息，基础属性中的名称和标题为必填内容，并且定义在同一个自定义组下，不能创建两个或两个以上相同名称的自定义，否则系统将会提示错误。

2. 报表类型选择

报表类型：可选数据报表和趋势报表，默认为数据报表。

是否图表格式：可选；是否显示统计：可选；数据来源：选择需要显示的报表数据。

在选择报表类型时，如果需要详细的日志信息，则选择数据报表类型；如果需要日志数量的时间段统计信息，则选择趋势报表类型。

3. 设计统计图类型

统计图的类型主要分为柱状堆积图和饼状图两种。详细地说，主要有二维柱状堆积图、三维柱状堆积图、二维横向堆积图、三维横向堆积图、二维饼图和三维饼图。

4. 设置条件字段

用户或者管理员可以根据系统给出的条件字段列表中的任意字段设置字段条件，再通过选择合适的操作符完成条件字段的设置。

5. 设置统计图配置

设置统计图配置主要针对系统提供的统计类型进行数据可视化细节方面的设置。

图 6-1～图 6-6 为自定义报表中的典型统计图类型，分别为自定义二维柱状堆积图、自定义三维柱状堆积图、自定义二维横向柱状堆积图、自定义三维横向柱状堆积图、自定义二维饼状图和自定义三维饼状图。

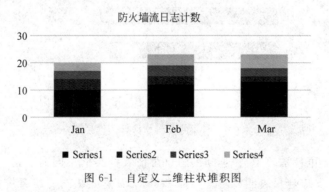

图 6-1　自定义二维柱状堆积图

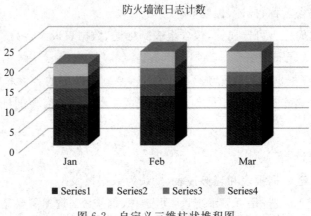

图 6-2 自定义三维柱状堆积图

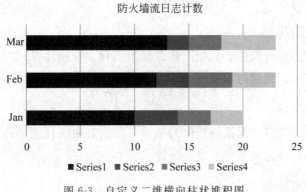

图 6-3 自定义二维横向柱状堆积图

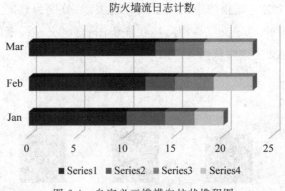

图 6-4 自定义三维横向柱状堆积图

目前,在日志审计系统中,为了满足用户对报表种类的不同需求,日志系统通常会提供用户设计自定义审计报表的权限。网神 SecFox 日志收集与分析系统的报表系统中主要包括的自定义报表的典型报表应用场景有:

• Top10 报表:按照访问是否成功的次数细分。

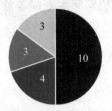

图 6-5 自定义二维饼状图

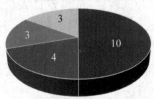
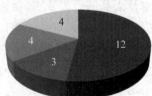

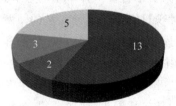

图 6-6 自定义三维饼状图

- 主机流量报表：按照主机接收、发送和总体流量进行报表细分。
- 协议流量报表：协议中按照接收、发送和总体流量进行报表细分。
- Web 使用情况报表：按照主机和用户不同类型的使用情况进行细分。
- 远程访问情况：按照主机和用户类型细分。

6.3.4　中间表

中间表是业务逻辑中不可或缺的一种报表,是数据库中专门存放中间计算结果的数据表。报表系统中普遍存在这种中间表,它将之前报表的计算结果存入中间表,然后再将中间报表中的分析结果传入下一个报表中进行计算,这样做大大减少了程序的复杂度,方便数据操作。简而言之,中间表起一种关联、承接作用。

中间表出现的典型场景主要有以下3种。

(1)通过一步计算无法算出。数据库中的原始数据表要经过复杂计算,才能在报表上展现出来。在后台数据库系统中,一个 SQL 语句很难实现这样的复杂计算。需要连续多个 SQL 实现,前面生成的中间表给后面的 SQL 语句继续使用。

(2)实时计算等待时间过长。因为数据量大或者计算复杂,报表用户等待时间太长,所以需要批量运行任务,把数据计算好后存入中间表。报表的制作将会基于中间表的查询在速度方面快很多。

(3)多样性数据源参加计算。来自于文件、日志等外部数据,需要数据库内的数据进行混合计算时,传统办法只能导入数据库形成中间表。

审计中间表是中间表典型案例中的一种。审计中间表是面向审计分析的数据存储模式(或称目标模式),它是将转换、清理、验证后的源数据按照提高审计分析效率、实现审计目的的要求进一步选择、整合而成的数据集合。审计中间表是利用被审计单位数据库中的基础数据,按照审计人员的升级要求,由审计人员构建,可供审计人员进行数据分析的新型审计工具。它是实现数据式审计的关键技术。审计中间表按照目的的不同,可分为基础性审计中间表和分析性审计中间表。前者可以帮助审计人员选定审计所需的基础性数据,后者可以帮助审计人员实现对数据的模型分析。下面详细介绍这两种类型的中间表,并比较两种类型中间表的区别。

1. 基础性审计中间表

基础性审计中间表是审计人员结合被审计单位的业务性质和数据结构,根据不同的分析主题生成的,它是面向审计项目组全体审计人员的。所有基础性审计中间表的集合构成了该审计项目的审计数据库,它包括所有与审计目的相关且为审计人员进行分析所必需的电子数据。基础性审计中间表既涵盖了被审计单位本身的数据,也涵盖了与该被审计单位相关联的数据,如在进出口贸易审计中,基础性审计中间表不仅包括海关的征税、加工贸易、减免税等数据,而且包括码头、船舶公司、外汇管理、税收、电子口岸等方面的数据。审计人员根据各自的审计分工和分析需求,可以从审计数据库中找到所需的基础性审计中间表。

2. 分析性审计中间表

分析性审计中间表是审计人员在数据分析过程中,在基础性审计中间表的基础上根据具体的审计目标和分析需求生成的,它是面向审计项目组中特定审计人员的。一个审计项目有其总体目标,而总体目标是由一个个的具体目标组成的,这些具体的目标也可以称为子目标。对子目标的分析,不是面向全体审计中间表,而是其中一部分数据或某些特定的数据,这就需要在基础性审计中间表中进行查询筛选,或者在基础性审计中间表的基础上重新组合、关联,生成用于特定分析目的的审计中间表,这就是分析性审计中间表。可见,创建分析性审计中间表是审计人员完成具体审计事项、实现具体审计目标的需要。

此外,创建分析性审计中间表还有另一个用处,那就是提高数据分析的效率。在数据分析过程中,审计分析模型在计算机中运算时间的长短与计算机性能及数据量的大小相关。在计算机性能确定的情况下,计算机运算审计分析模型的时间与数据量的大小呈指数级关系,即当数据量增大时,运算耗费的时间会成倍增加。因此,审计人员可以根据特定的审计内容,在基础性审计中间表的基础上进一步生成分析性审计中间表,然后再进行数据分析和运算,从而缩短计算机的运算时间,提高数据分析效率。例如,某基础性审计中间表中包含了被审计单位的某项业务 2010—2014 年的数据,而某位审计人员现在只想对其中 2014 年的数据进行深入分析,如果直接在该基础性审计中间表上进行分析,计算机运算将耗费大量时间,这时审计人员就可以从基础性审计中间表中抽取 2014 年的数据生成分析性审计中间表,再在分析性审计中间表上进行数据分析。

3. 基础性审计中间表与分析性审计中间表的联系和区别

分析性审计中间表是在基础性审计中间表的基础上生成的,它与基础性审计中间表的本质区别在于:基础性审计中间表是面向审计项目组全体审计人员的,而分析性审计中间表是面向具有不同分析目的的不同审计人员的。

根据不同审计人员的不同分析需求,分析性审计中间表的表现形式与基础性审计中间表相比,可能存在以下不同:数据结构与基础性审计中间表保持一致,只是在数据量上有所差别(即从中抽取部分记录);数据结构有所改变,需要从基础性审计中间表中抽取满足特定分析目的所需的部分字段,或将基础性审计中间表与其他相关数据表进行关联,从中选择相关字段,以满足分析的需要。

中间表加快了系统数据库拉取数据的速度,方便网管人员或运维人员加快报表的制作。但是,中间表的大量存在也造成了一定的弊端。研究发现,一个常规的报表系统中,数据仓库系统中有大约两万个数据库表,然而真正的原始数据表只有几百张,剩下的大量数据库表都是为查询和报表服务的中间表。经过长时间的运行,数据库中的中间表越来越多,甚至出现项目中有上万个中间表的情况。大量的中间表所带来的直接困扰就是存储空间不够用,面临频繁的扩容需求。中间表对应的存储过程、触发器等需要占用数据库的计算资源,也会造成数据库的扩容压力。目前的解决方法就是将每天的中间表导出来,需要使用时再导入,或是每次会话形成的中间表在结束之后,自动删除临时表并释放临时表占用的资源,这样就可以大大减少数据库内的表的数目,释放大量资源和内存,这样的使用使得数据库更加灵活。

日志审计系统中的中间表具有承接报表生成的职责。中间表的生成和导入使得系统数据库拉取数据的速度加快,报表生成的速度也因此得到提高,方便网管人员加快报表的制作。

思 考 题

1. 简述普通条件查询和模糊查询的区别。
2. 什么是查询任务？
3. 说明日志报表的 3 种分类，并概括自定义审计报表的步骤。
4. 自定义审计报表一般有几种表示方式？
5. 中间表的作用是什么？ 简述中间表的作用和类型。

第 7 章

典型案例

前 6 章介绍了日志的基本知识、收集方式、存储方式以及日志报表的相关内容。本章将介绍日志审计系统应用案例,针对各应用的不同应用背景和安全需求,分析其存在的安全问题,提出不同的解决方案,展示多种部署方式。

7.1　高校日志审计解决方案

7.1.1　背景及需求

1. 应用背景

随着计算机技术和信息化的飞速发展,教育作为国家的重点也逐渐实现了信息化。所谓的高校信息化建设,指的就是依靠多种先进的信息技术,包括计算机、多媒体等在内,以实现教育的现代化、信息化和先进化为目标,将受教者的信息素养纳入教育内容,为社会培育跟进时代潮流的创新型人才。

高校网络信息中心承担着高校信息化的建设、规划与管理等工作,负责校园网络安全,依托现有完善的网络资源、强大的技术能力,为学校提供网络服务和信息化解决方案,并从中积累丰富的运营经验。随着网络中心业务量的不断发展、壮大,为了应对不断增长的基础设施信息量、不断增长的业务数量、不断提高的事件处理时限需求、网络事件事后查询需求、网络事件统计分析需求,网络中心计划利用日志审计系统整合内部分散的基础设施信息资源,提升基础设施日志的收集、关联能力。

2. 需求分析

针对高校对日志审计的需求,网神结合在安全审计与管理领域深厚的技术积累和丰富的行业领域知识积累,提出以下具体目标,以满足高校对日志审计系统的需求,提供信息化解决方案。

1) 海量日志数据的集中审计管理

收集信息系统 IT 基础设施日志信息,规范日志信息格式,实现海量日志数据的标准化集中存储,同时保存日志信息的原始数据,规避日志信息被非法删除带来的安全事故处置工作无法追查取证的风险;加强海量日志数据集中管理,特别是历史日志数据的管理。

2) 系统运行风险及时报警与报表管理

基于标准化的日志数据进行关联分析, 及时发现信息系统 IT 基础设施运行过程中存在的安全隐患, 并根据策略及时报警, 为运维人员主动保障系统安全运行工作提供有效的技术支撑; 实现安全隐患的报表管理, 更好地支持系统进行安全管理工作。

3) 为落实有关法律法规提供技术支持

利用安全审计结果可以评估国家法规和行业监管中有关安全管理和审计规定的落实情况, 发现存在的问题, 为完善网络信息安全管理和审计提供依据, 持续改进, 进一步提高安全管理和审计水平。

4) 落实业务数据审计

通过审计系统能及时发现业务数据访问中的违规行为, 并能进行有效的监控, 对违规行为进行追查。

7.1.2 解决方案及分析

1. 解决方案

网神 SecFox-LAS 日志审计系统具有成熟和完整的体系架构, 在日志收集、日志分析、数据挖掘和符合性管理等关键技术领域处于业界领先的位置。该日志审计系统对大多数主流设备、操作系统和应用系统日志格式提供了支持, 不支持的设备可通过系统提供的功能定制开发, 如图 7-1 所示。

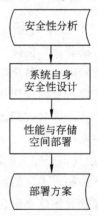

图 7-1 解决方案分析

1) 系统自身安全性设计

作为安全审计类产品, 日志审计系统自身具备完善的安全性保证, 具体包括:

- 系统内部的各个组件之间通信都支持加密传输, 如浏览器访问管理中心支持 HTTPS、通用日志收集器(GLC)与管理中心之间采用加密压缩协议进行传输、多级管理中心之间采用加密协议进行传输, 等等, 保证网络通信的机密性。
- 系统对收集到的日志都进行了加密存储, 保证数据的完整性和机密性。
- 系统具备自身运行健康状态监视功能, 存储的数据支持自动备份和恢复, 保证系统的可用性。
- 在硬件型产品中, 确保底层的操作系统是安全的。

2) 性能与存储空间部署

日志审计系统按所有设备产生的总事件量平均 500 条/秒, 每条日志 0.8KB 为标准进行计算, 所有设备每天的总日志条数为 4320 万条, 总日志量约为 33GB。

系统设计支持在线存储和离线存储两种方式对数据进行存储。

在线存储按一个月计算, 大约需要 1TB 的空间, 加上索引和系统自身的空间, 大约需要 1.5TB 的存储空间。

离线存储是压缩存储,压缩比为 10：1,根据审计要求,原始信息及审计结果需保留 6 个月至 1 年,按最长 1 年计算,大约需要 1.5TB 的空间。

所以,日志审计系统的有效存储容量(即最少在线存储空间和离线存储空间的总和)是 3TB。

事件在做存储时使用的解决方案是将每天所有的事件原始消息和事件解析后的结果存放在一个事件表中,这个表每天会自动产生一个,也是时间备份归档的对象,该表可供普通查询和高级查询使用;另外,同时会将事件的原始消息保存在一个 NoSQL 的文件中,以便查询任务使用。查询任务会从 NoSQL 中进行查询,同时在返回结果时重新加载解析文件,以便用户得到解析后的结果。

3）部署方案

日志审计系统采用 B/S 架构,管理员无须安装任何客户端软件,通过 IE 浏览器登录管理中心即可进行各种操作。

一般来说,可将系统的管理中心服务器放置在网管中心或者安全中心区域,然后对被审计对象进行必要的配置,使得它们的日志信息能够发送到管理中心。管理员通过浏览器可以从任何位置登录管理中心服务器,进行各项操作,如图 7-2 所示。

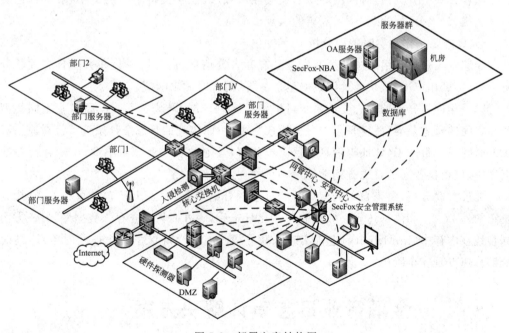

图 7-2　部署方案结构图

2. 方案优势

1）统一日志监控

将企业和组织的 IT 资源环境中部署的各类网络或安全设备、安全系统、主机操作系统、数据库以及各种应用系统的日志、事件、告警全部汇集起来,使得用户通过单一的管理控制台对 IT 环境的安全信息(日志)进行统一监控。统一安全监控给客户带来的直接收益是态势感知(Situation Awareness)。通过态势感知,客户可实现对全网综合安全的总体把控。

统一日志监控,用户不需要经常在多个控制台软件之间来回切换、浪费宝贵的时间。与此同时,企业和组织的所有安全信息都汇聚到一起,使得用户可以全面掌控 IT 环境的安全状况,对安全威胁做出更加全面、准确的判断。

2) 全面的日志收集手段

通过多种方式全面收集网络中各种设备、应用和系统的日志信息,确保用户能够收集并审计所有必需的日志信息,避免出现审计漏洞,支持通过 Syslog、SNMP、NetFlow、ODBC/JDBC、OPSEC LEA、内部私有 TCP/UDP 等网络协议进行日志收集。

3) 丰富的日志类型支持

支持国内外大部分主流的设备、系统品牌和型号,能够审计的日志类型如 Windows 操作系统;UNIX 操作系统(Solaris、HP-UX、Linux、AIX 等);防火墙、VPN;交换机/路由器;应用系统安全;入侵检测系统、入侵防御系统等。

4) 灵活的部署模式

部署方式十分灵活,对网络环境的适应性极强,既能够支持单一的中小型网络,也支持跨区域、分级分层、物理/逻辑隔离的大规模网络。

5) 日志归一化和实时关联分析

能够收集企业和组织中的所有安全日志和告警信息,通过归一化和智能日志关联分析引擎,协助用户准确、快速地识别安全事故,从而及时做出响应。

归一化即将异构的日志变成系统可识别的统一日志,屏蔽了不同厂商以及不同类型产品之间的日志差异,使得日志关联分析成为可能;而传统的日志审计系统仅针对原始日志的时间、源/目的 IP 地址等信息进行简单分解,其他主要内容原封不动,全部存储在数据库中,仅提供普通的日志查询功能。

通过关联分析,将来自不同信息源的日志融合到一起,发掘出日志之间的关系,找到真正的外部入侵和内部违规。收集和归一化日志后,一方面将日志存入数据库,另一方面同步地在内存中(In-Memory)进行实时关联分析。实时性确保了日志被及时审计,同时能够快速发现安全隐患。

7.2　金融行业日志审计解决方案

7.2.1　背景及需求

1. 应用背景

金融行业是信息化领先的服务行业,为个人、企业、国家提供金融管理服务,对信息系统的服务质量有非常高的行业要求。

金融行业的迅猛发展,也带来了很大的金融风险。为了有效防范金融机构运用信息系统进行业务处理、经营管理和内部控制过程中产生的风险,促进我国金融行业安全、高效、稳健运行,根据《中华人民共和国银行业监督管理法》《中华人民共和国外资银行管理条例》和《中华人民共和国商业银行法》等法律规定和银行审慎监管要求,国家信息安全相关要求和信息系统管理的有关法律法规制定了一系列风险控制和风险管理指引。

1)《商业银行内部控制指引》第一百二十六条

商业银行的网络设备、操作系统、数据库系统、应用程序等均应当设置必要的日志。

日志应当能够满足各类内部和外部审计的需要。

2)银监局《商业银行信息科技风险管理指引》第二十五条

商业银行应通过以下措施,确保所有计算机操作系统和系统软件安全。

(1)指定最高权限系统账户的审批、验证和监控流程,并确保最高权限用户的操作日志被记录和监察。

(2)在系统日志中记录不成功的登录、重要系统文件的访问、对用户账户的修改等有关重要事项,手动或自动监控系统中出现的任何异常事件,定期汇报监控情况。

3)证监会/证监局关于证券行业的《信息系统等级保护》

明确要求金融公司需要对关键网络设备、安全设备及服务器进行备份,并定期检查分析,同时形成记录。

4)公安厅/公安局关于《计算机信息系统安全保护条例》

明确要求金融公司需要对系统运行日志及用户使用记录保存 60 天以上。

根据上述各项指引的要求,金融行业须制定相关策略和流程,管理所有生产系统的活动日志,以支持有效的审核、安全取证分析和预防欺诈。目前,某些金融机构日志信息并未实现集中管理,缺乏有效的管理工具和分析工具,同时审计工作量大,难以全面、准确、及时地发现安全风险。

2. 需求分析

1)实现日志信息的集中收集与存储

金融机构中各系统的操作系统、数据库、应用等,每天都在产生大量的日志信息,这些信息种类繁多,而金融行业公司并未实现日志信息的集中收集与存储,缺乏有效的管理工具和分析工具。

2)统一日志格式,提高日志可读性差

金融机构存在大量的网络设备和安全设备,如思科路由器、华为交换机、华三路由器交换机、Juniper 路由器、东软防火墙、天融信防火墙、山石防火墙、东软 VPN 等,运维人员面临较大的管理压力和负担,同时,不同的厂家、不同的设备或系统会有不同的日志格式,原始日志的可读性较差,缺少一种对原始日志进行归一化处理的工具,以提高日志可读性。

3)实现全面、准确、及时地分析日志,并发现运行中的安全风险

金融机构大量的网络设备和安全设备,例如操作系统、数据库、应用系统每天会产生

大量的日志数据,而其内部现在仍然采用手工方式检查和分析日志,工作量大,效率低,而且运维人员面临着较大的管理压力和负担,无法全面、准确、及时地分析日志,难以发现运行中的安全风险。

4)满足系统安全管理的监管要求

大多数系统为实现系统审计,对于已开启审计功能的系统,审计日志由安全管理员手工定期分析,无法全面、准确、及时地发现安全风险。对于未开启审计功能的系统,暂未实现系统安全日志的定时分析,系统安全管理不能满足监管部门的监管要求。

5)实现报表自动选取,定时发送

银行、基金管理公司等金融机构对日志报表的生成及通知有如下要求。

- 所有报表都支持邮件自动发送每日、每周、每月、每年报表。
- 所有报表的 TOPX 客户在生成报表时都可以自己选择,不要限定 TOP10 或 TOP100。
- 对防火墙日志(不仅限于)进行初始化分割,分割项至少包括来源 IP、目标 IP、目标端口 3 个字段内容——Cisco FWSM 防火墙日志、天融信 NGFW4000 防火墙日志、东软 5200 防火墙日志。
- 必须包含下述报表:防火墙的病毒主机日志统计报表、服务访问日志统计报表、端口扫描日志统计报表、网络常规日志允许(和拒绝)统计报表、一次配置日志统计报表、路由器的链路抖动日志统计报表、所有设备的用户执行登入操作明细报表及各设备事件统计报表。

7.2.2　解决方案及分析

1. 解决方案

网神 SecFox-LAS 日志审计系统在网络环境中旁路部署到交换机旁,不改变网络拓扑,不影响正常业务流通,网络设备与日志设计设备网络层可达即可,能接收到设备发过来的日志。

1)实现高性能日志收集与海量存储

日志审计系统将收集到的所有信息统一存储起来,从而建立一个集中日志存储系统,这降低了存储成本和日志被抹杀的危险,为未来出现的安全问题提供了一个可信的依据。

此外,系统还具有海量日志接收和存储的能力,提供多种日志存储策略,能够方便地进行日志备份和恢复。

2)解析日志消息生成日志报表,实时分析统计日志

日志审计系统可以对每日收到的日志消息解析后生成需要的报表,并通过邮件发送给用户,用户可通过每日或每周生成日志统计报表查看、分析网络设备的故障等问题。对收集的日志进行分类实时分析和统计,从而快速识别安全事故。分析统计结果支持柱状图、饼状图、曲线图等形式并自动实时刷新,图表数据支持数据下钻。日志实时分析在内存中完成,不需借助数据库和文件系统。

3）实现日志归一化和关联分析

网神 SecFox-LAS 日志审计系统将异构的日志转化成统一的日志,从而解决了不同厂商以及不同类型产品之间日志差异的问题,这使得日志关联分析成为可能。

此外,在进行日志归一化的同时,还保留了原始日志记录,便于将来进行具有司法证据效力的调查取证分析。

实时关联分析是该日志审计系统的核心,也是该系统区别于传统安全日志审计系统的最关键特征。通过关联分析,将来自不同信息源的日志融合到一起,发掘出日志之间的关系,找到真正的外部入侵和内部违规。

实时关联分析独有的基于安全监测、告警和响应技术(Security Monitor,Alert and Response Technology,SMART™)的事件关联分析引擎在关联规则的驱动下,SMART™事件关联分析引擎能够进行多种方式的事件关联,包括统计关联、时序关联、单事件关联、多事件关联、递归关联等。

2. 方案优势

1）保障日志的完整性和安全性

实现对用户业务数据网络中的网络设备、安全设备日志的集中收集与存储,使得日志的完整性、安全性得到保障。

2）多种高效的日志收集方式

能够通过多种方式全面收集网络中各种设备、应用和系统的日志信息,确保用户能够收集并审计所有必需的日志信息,避免出现审计漏洞。

系统为用户提供一个软件的通用日志收集器(Generic Log Collector,GLC,也称为事件传感器)。该日志收集器能够自动将指定的日志(文件或者数据库记录)发送到审计中心。例如,针对 Windows 操作系统的日志、Norton 的防病毒日志,等等。

3）高效的实时分析统计与报表分析统计

实现了高效的收集与高效的实时分析统计与报表分析统计,让用户更清楚地了解、感知、掌握网络的运行状况;满足了用户对日志审计的要求,让用户全面、及时、详细地掌握全网的状态,提高工作效率,更便于其他工作的展开。实时性确保了日志被及时审计,同时能够快速发现安全隐患。

4）定制事件告警规则

日志审计系统定制了事件告警规则,使得管理员第一时间知道系统发生的高风险事件,并做出相应的事件处理,最大限度地降低安全风险。

通过安全事件告警的方式,在运维人员有限的条件下有效地把握运维工作的重点,进一步增强系统安全运维工作的主动性,更好地保障系统正常运行,有效规避日志信息分散存储存在的非法删除风险。

5）统一的安全管理平台,提高工作效率

日志审计系统对收集到的不同类型的信息进行归一化和关联分析,最大限度地消除误报和错报,找出漏报,通过统一的安全管理平台控制台界面进行实时、可视化的呈现,协助安全管理人员迅速准确地识别安全事故,消除了管理员在多个控制台来回切换的烦琐,提高了工作效率。图 7-3 显示了日志事件的分析流程。

6)定制安全统计报表

信息部门可以根据收集到的各类日志,非常方便快捷地制作出诸如防火墙拒绝目的地址排行、防火墙拒绝源地址排行和主机登录失败的统计报表;用户还可根据现有网络的网络流量做网络内流量排行的趋势分析;通过上述图表、报表和趋势图的分析,使得信息部门可以对整个网络的安全状况有一个非常准确的掌控。此外,借助日志管理系统定制安全统计报表,从而进一步提高信息安全管理水平。图 7-4 给出了统计图表的详细内容。

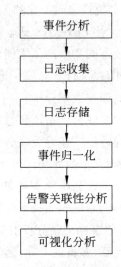

图 7-3　日志事件的分析流程图

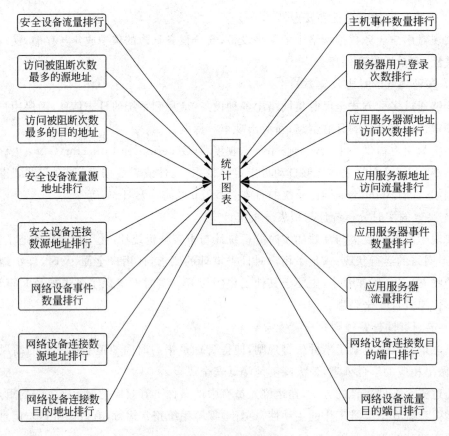

图 7-4　统计图表的详细内容

7.3　航空公司日志审计解决方案

7.3.1　背景及需求

1. 应用背景

某航空公司是星空联盟的成员。众所周知,信息化对于民航企业具有极其重要的意义,为保障业务连续性,保证航空公司信息化系统的安全,航空公司在网络安全保障方面进行了较大的投入。经过信息安全项目一期的建设,已经形成了较为完善的信息安全保障体系,根据 ISO7001 的标准建立了较为清晰明确的安全制度和管理流程,并部署了各类安全检测和防护产品。

近年来,随着航空公司信息系统建设的不断发展,信息安全工作也是一个不断改进的过程。通过前期的安全建设,航空公司已经部署了大量的防火墙、SSL VPN、入侵检测系统、入侵防御系统、防 DoS 设备、防病毒系统、终端安全管理系统、身份认证系统等。这些安全系统都仅防御来自某个方面的安全威胁,形成了一个个"安全防御孤岛",无法产生协同效应,无法实时掌控全网的整体安全运行态势。这些复杂的安全防御设施在运行过程中不断产生大量的安全日志和事件。这些数量巨大、彼此割裂的安全信息,给快速准确地排除安全隐患带来了极大的难度。

另一方面,为了加强安全与内控,国家出台了相关政策,包括正在大力推行的等级化保护制度,针对中央企业,尤其是境外上市央企的《企业内部控制基本规范》、国资委颁布的《中央企业全面风险管理指引》等。日益迫切的信息系统审计和内控,以及不断增强的业务持续性需求,对航空公司的信息安全管理与审计提出了严峻的挑战。航空公司需要在现有复杂的安全防护系统上再构建一层面向业务及服务的信息系统一体化安全集中管控平台,全面提升安全管理的水平。借助安全一体化管控平台,实现对全网安全态势的实时掌控,快速响应,持续改善。

2. 需求分析

1）全面提升安全管理

航空公司在现有的安全建设基础上,主要部署了大量的防火墙、SSL VPN、入侵检测系统、入侵防御系统、防 DoS 设备、防病毒系统、终端安全管理系统、身份认证系统等。但是,这些安全系统仅防御来自某个方面的安全威胁,需要全面提升安全管理,进行全面的安全建设。

2）全方面对海量数据进行收集

航空公司部署的大量安全防御设施在运行过程中不断产生大量的安全日志和事件,面对如此海量的日志数据,需要进行全方位的数据收集。

3）实现信息系统一体化

对收集到的海量数据进行标准化处理,并进行集中化管理,实现安全一体化管控。

4）实时掌控全网安全态势

借助安全一体化管控，实现对全网安全态势的实时掌控。

7.3.2 解决方案及分析

1. 解决方案

网神 SecFox-LAS 日志审计系统是一款具有成熟和完整的体系架构的产品，在日志收集、日志分析、数据挖掘和符合性管理等关键技术领域处于业界领先的位置。其提供了对大多数主流设备、操作系统和应用系统日志格式的支持，不支持的设备可通过系统提供的功能定制开发，可为航空公司提供一体化的安全管理平台。

如图 7-5 所示，通过四大层次功能，集可视化的统一管理界面、管理及监控中心、数据收集层、监控对象这四大层次实现对航空公司的信息安全管理与审计，构建面向业务及服务的信息系统一体化安全集中管控平台，全面提升安全管理的水平。同时，借助安全一体化管控平台，实现对全网安全态势的实时掌控。

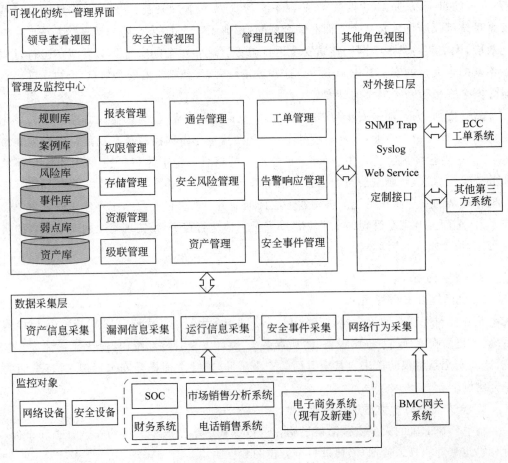

图 7-5　安全管理平台

1) 数据收集层

数据收集层相当于安全管理系统的核心处理单元与外界 IT 资源之间的信息中介装置。数据收集层负责收集被保护对象（安全域）的资产信息、漏洞信息、由安全事件和网络行为构成的威胁信息，并将所有信息归一化为安全管理系统内部统一的数据格式，送往安全管理中心。

2) 管理监控中心

管理监控中心是整个系统的核心，包括安全风险管理子系统、系统自身配置与管理子系统、安全知识管理子系统、安全预警管理子系统、安全响应管理子系统、安全审计子系统和系统数据库。通过安全监控中心，开发人员和管理人员可以及时了解整个平台的运行状况。

3) 可视化的统一展现界面

管理员通过统一的管理界面实现对 IT 资源的全面安全管理。统一管理系统的交互界面最突出的优势是信息可视化技术。通过信息可视化，将大量的安全信息以图表、事件图的方式呈现出来，实现了管理员从认知到感知的转变，提高了全网安全态势监控的效率。

4) 对外接口层

对外接口层是指安全管理系统与外部系统的接口模块。统一管理系统具有良好的对外接口，可以实现 3 个层次的对外接口服务。所有接口服务都内置安全机制，包括信息认证、信息加密等。

安全管理界面层的对外接口服务通过安全管理系统的界面层接口，实现与第三方系统的统一门户的集成。安全管理系统的界面层接口支持标准的 Portal 标准，同时还支持基于 Web 2.0 的 MeshUp 技术，实现与第三方系统统一门户基于 URL 的集成。

2. 方案优势

通过航空公司安全一体化管控平台的建设与运营，构建了一套针对航空公司整体 IT 计算环境的统一安全管理架构，对包括网络、安全、主机和应用在内的各类 IT 资源从业务系统的角度进行统一监控（包括运行监控与安全监控）、统一安全事件审计与分析、统一预警与响应，提升航空公司现有信息与网络整体安全保障水平，并符合国家等级保护、企业内部控制的相关管理、审计和内控的要求。

1) 海量安全事件的标准化集中管理

根据预定收集策略，收集信息系统 IT 基础设施和应用日志及事件信息，规范事件信息格式，实现海量安全事件的标准化集中存储，同时保存安全事件的原始数据，规避日志信息被非法删除而带来的安全事故处置工作无法追查取证的风险；加强海量安全事件数据集中管理，特别是历史安全事件数据的管理。

2) 系统运行风险及时报警与报表管理

基于标准化的安全事件进行关联分析，及时发现信息系统 IT 基础设施及其核心业务系统运行过程中存在的安全隐患，并根据策略及时报警，为运维人员主动保障系统安全运行工作提供有效的技术支撑;实现安全隐患的报表管理,更好地支持系统进行安全管理工作。

3)为落实有关信息安全管理规定提供技术支撑

利用安全事件分析结果可以评估信息安全管理规定的落实情况,发现信息安全管理办法存在的问题,为完善信息安全管理办法提供依据,持续改进,进一步提高安全管理水平。

4)规范信息系统的日志信息管理

根据安全管理工作的现状,提出信息系统的日志信息管理规范,明确信息系统 IT 基础设施及其核心业务系统日志配置的基本要求、日志内容的基本要求等,一方面,确保安全管控系统建设实现既定目标;另一方面,指导今后的信息化项目建设,完善信息安全管理制度体系,进一步提高安全管理水平。

7.4　政府日志审计解决方案

7.4.1　背景及需求

1. 应用背景

近年来,随着信息化程度的不断加深,尤其是大数据正以人们难以想象的发展速度带来新一轮信息化革命,日志审计面对海量数据这一巨大的挑战,政府审计出现了许多与信息化环境不协调的地方,政府审计工作有待于进一步完善。信息化背景下政府审计的转变体现得十分明显,日志审计在政府改革中发挥着不可忽视的作用,有利于创新政府审计方式,完善政府审计方案,促进政府审计工作与信息化相结合,提升政府审计的工作效率。

此外,大数据时代给用户信息安全带来更严峻的挑战,政府机关的日志数据尤为重要,根据《国家信息化领导小组关于加强信息安全保障工作的意见》(中办发〔2003〕27 号文件)提出"要重视信息安全风险评估工作,对网络与信息系统安全的潜在威胁、薄弱环节、防护措施等进行分析评估,综合考虑网络与信息系统的重要性、涉密程度和面临的信息安全风险等因素,进行相应等级的安全建设和管理。"在处理海量数据的同时,也要保证政府日志信息安全,防止黑客入侵与恶意访问,满足相关标准要求,这成为政府越来越关心的问题。

2. 需求分析

政府以业务系统的可靠性和安全性上"事前态势监测预警、事中风险可控、事后举证可信"为目标,研究和应用基于大数据的信息系统日志安全收集、安全传输、安全存储、智能分析和智慧应用等能力,建设一体化集约式综合日志管控平台。通过日志分析自动发现业务系统的故障风险、非授权访问、违规操作、信息非法复制等,对其加以预警并固定证据,保障业务软件的使用安全、规范,为信息系统的可持续合规运行和良性发展提供安全保障。主要建设内容如下:

（1）基于海量数据技术的综合日志管理系统，以大数据平台为基础，提供全面覆盖网络、安全、服务器、存储设备、数据库、应用系统，成熟、可靠、便捷、高效和智能的日志分析管理功能。

（2）数据定制分析服务。以综合日志管理平台内容为基础，根据用户性能和安全管理需求提供平台基础功能以外的综合分析服务，包括可视化分析图示或报告或建模，总数不少于 10 项。

7.4.2 解决方案及分析

1. 解决方案

网神 SecFox-LAS 日志审计系统作为一个统一日志监控与审计平台，能将来自不同厂商的设备配置和警报等信息发送至审计中心，实现全网综合安全审计，为政府提供符合国家等保、分保以及各种法律法规要求的合规性审计产品。图 7-6 为解决方案的拓扑结构。

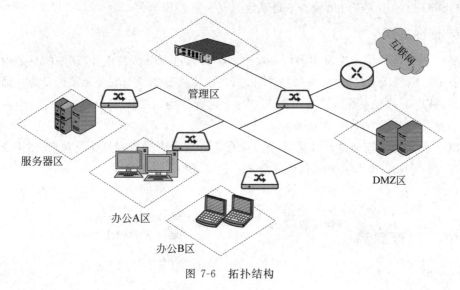

图 7-6 拓扑结构

2. 方案优势

1）日志全生命周期的管理

统一存储告警和配置等日志信息，建立一个集中式的存储系统。这满足了法律法规对日志信息的存储要求，提高了可靠性，降低了管理成本，有效地避免了日志被抹掉情况的发生，为未来安全事故的追溯提供了可信的依据。

2）满足合规性要求

系统内置基于等保、分保等合规性要求的分析场景，为用户开展合规性建设工作提供技术支撑。用户可以通过丰富的合规分析策略对全网的安全事件进行全方位、多视角、大跨度、细粒度的实时监测、分析、查询、调查、追溯，动态了解系统的合规情况。通过系统对海量日志的收集、存储、分析能力，完全满足合规性要求。

3）提升运维能力

通过系统自动化地对海量数据进行收集、存储、分析、统计，可以及时发现 IT 系统中的安全事件，解决人工效率低下以及面对海量数据人工无法进行管理的难题，这是运维人员日常工作中不可或缺的技术支撑。

7.5　日志的高级应用：如何通过日志溯源

7.5.1　某企业的撞库事件分析

1. 事件概述

某企业的客服收到用户的反馈说自己的账户存在异常登录的行为并且成功登录，客服部门第一时间把这个情况反馈给企业的安全运营中心（Security Operations Center，SOC），SOC 通过相关事件的调查取证认定这是一起撞库事件。

2. 事件分析

SOC 首先调取了事件发生前后一段时间的日志进行分析与审计，调取的日志内容包含所发生问题的认证日志、服务器操作日志、攻击事件日志等与安全相关的日志。通过分析发现，被攻击的服务器确实遭受撞库的行为且统计得出撞库成功率在 30%，同时发现了一些存在可疑行为的 IP 地址并对其进行了封禁。

SOC 使用钻石模型进行分析，如图 7-7 所示。攻击者的目标是企业客户，使用被攻陷服务器对该企业发起恶意撞库行为的攻击。这时，SOC 的分析存在以下疑问。

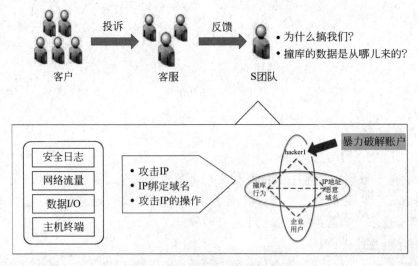

图 7-7　SOC 对于事件的分析

- 攻击者出于什么目的攻击该企业？
- 攻击者撞库使用的数据源从哪里来的？

- 30％的成功率是否太高了？

但是,SOC 通过内部的日志并没有发现数据库被泄漏的痕迹,于是 SOC 工程师带着这些疑问找到了企业的安全分析师。

首先根据安全分析师的经验,由于撞库的本质是暴力破解攻击,所以 30％的碰撞成功率确实高得不正常。对攻击数据和攻击向量进行分析和攻击溯源后发现,两周前,该攻击者制作了一个与该企业某业务系统很类似的钓鱼页面。

安全分析师推测,数据源可能是由于该钓鱼页面窃取了部分账户的用户名和密码,从而实现了对用户名密码的收集,同时发现了该页面的传播方式很可能是通过短信伪基站分发钓鱼短信的方式对用户进行钓鱼。但是,这时还有另外一个未解问题:为什么该客户会成为这个攻击者的目标,在对这个攻击者的历史行为继续进行溯源后发现,该攻击者对目标企业曾经发起过一次规模不大的 DDoS 攻击。

安全分析师和企业 SOC 的工程师经过反复确认后,也证明了这一次攻击的真实性,并且据工程师回忆,该企业服务还因此中断了几秒钟时间。安全分析师推测,这次 DDoS 攻击很有可能是企业成为目标的前奏。根据奇安信威胁情报中心提供的数据显示,绝大部分 DDoS 攻击都存在量小、持续时间短等特点,这显然与 DDoS 攻击的本质——拒绝服务相差甚远,甚至背离了拒绝服务的本质。小流量 DDoS 也是令国内外安全专家困惑的攻击类型。

如图 7-8 所示,通过对该攻击者更进一步的溯源发现,攻击者的挑选目标和攻击手段的步骤如下。

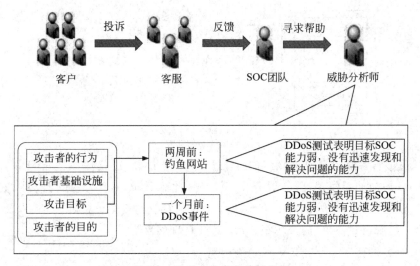

图 7-8　针对攻击者的分析过程

(1) 通过小流量短时间 DDoS 攻击测试目标系统的安全响应时间和反应速度,评估其 SOC 的素质。

(2) 制作针对性的钓鱼网站骗取这些 SOC 能力较弱企业的用户认证信息。

(3) 对该企业进行撞库,获取利润。

通过使用奇安信威胁情报中心的可视化分析功能对该攻击者的进一步调查,该企业最终确认这是一个具备一定规模的黑产团队,并且具备一定的技术能力。

7.5.2 某企业短信平台事件分析

1. 事件概述

某企业的客服收到用户的反馈说自己的手机收到了该企业发来的验证码短信,但是客户并没有办理任何需要验证码相关的业务,客服部门第一时间把这个情况反馈给企业的 SOC,SOC 通过调查和分析后发现是攻击的接口没有进行人机验证,遂督促产品部门进行修复。修复完成后一段时间内,运维部门发现服务器占用率较大,并且与请求 URL 类似,通过与 SOC 部门的配合,认为遭受到了 CC/DDoS 攻击。

2. 事件分析

SOC 的工程师通过对出现严重资源占用的服务器和与之相关的服务器进行 Web 日志分析和审计,并且通过对 IDS/WAF 的日志进行分析,SOC 从 Web 日志中发现同一个 IP 地址发起了多次请求,并且这样的 IP 数量有 2000 个左右。由于该公司是一个互联网企业,所以不会出现这种大批量注册的行为。由于该 SOC 素质较高,同时存在使用安全威胁交换(Open Threat Exchange,OTX)威胁情报的能力,SOC 发现有 20% 的 IP 地址被标记为恶意的 IP,同时被标记为 DDoS 源,所以认定该事件为对服务器的 CC/DDoS 事件,如图 7-9 所示。

图 7-9 SOC 对于事件的分析

SOC 通过与各部门沟通,最终确定了封堵 IP 的方案,建议按照请求量和频率封堵 IP。但是,一段时间后发现,服务器资源并没有因此而下降,而且封禁的 IP 过多已经影响了正常业务的运行。于是,SOC 便将此事件报告到专业的安全分析师。

安全分析师看过 SOC 的分析报告后,有以下两个疑点。

① 为什么只有 20% 的 IP 被标记为肉鸡?

② 为什么封禁 IP 的手段会失效?

带着这些问题,安全分析师对该事件产生的攻击向量和 IP 地址进行了分析,通过分析发现,IP 的数据确实为 20% 是被标记肉鸡数据,80% 为正常的 ADSL 接入数据和动态 IP 配置,也就是剩下的 80% 均为终端用户,而非 IDC(互联网内容提供商)。安全分析师通过使用商业化的威胁情报数据对这些 IP 地址和请求进行了分析,发现这些 IP 地址里面有 75% 的 IP 地址使用一种名为轰炸机的 Android 应用程序。这种工具的原理是:

通过对网络上使用验证码的系统进行分析,找到一些不用验证码只需要对特定 URL 请求的服务器,直接大批量请求这些 URL 即可获取验证码,如果把这些验证码的手机目标替换为想要整蛊的对象的手机号码,即可让该对象收到大量的短信验证码,从而达到整人的目的。

对该事件的威胁分析如图 7-10 所示。SOC 承认了之前对攻击行为的误判,于是敦促产品团队进行了二次修复,同时启用了备用的短信平台服务器,等待工具制作者更新接口时将该企业的接口移除。

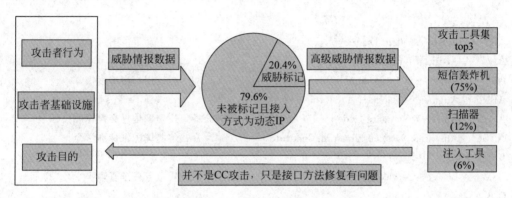

图 7-10　对该事件的威胁分析

上述案例很好地说明了高级威胁分析搭配威胁情报的组合可以更有效和准确地检测和对抗来自互联网的攻击,同时也能更好地识别类似于案例一中真实的高级威胁和类似于短信平台事件案例中具备攻击假象的产品漏洞利用。不太可能是攻击的行为,往往可能是高级威胁的前奏,看似是攻击的行为往往可能只是某些业务逻辑漏洞的利用。利用尽可能多的安全数据来源减小安全运营中的盲区是未来安全运营需要解决的问题。

由于安全行业的发展和企业对于安全越来越多的诉求,近两年安全行业的发展逐渐从人+技术的技术驱动安全发展慢慢地过渡到人+数据的数据驱动安全发展,特别是近期比较火的威胁情报、用户实体行为分析(UEBA)、互联网攻击溯源等都是人+数据驱动安全发展的里程碑,安全行业需要越来越多的懂安全的数据分析人员加入进来一同筑造企业安全的防线。

思　考　题

1. 简述日志审计系统的安全性保证措施。
2. 简述金融行业日志审计的解决方案。
3. 简述航空公司一体化安全管理平台的几个重要组成部分。
4. 简述日志如何溯源。

附录 A 英文缩略语

A

AID	Active Accident Diagram	主动事件图
AI	Artificial Ignorance	人为忽略
API	Application Programming Interface	应用程序编程接口
ABNF	Augmented Backus-Naur form	增强 Backus-Naur 形式
ASCII	American Standard Code for Information Interchange	美国信息交换标准代码
ANSI	American National Standards Institute	美国国家标准学会

B

BSM	Business Service Management	业务服务管理

C

CPU	Central Processing Unit	中央处理单元
CIO	Chief Information Officer	首席信息官
CTO	Chief Technology Officer	首席技术官
CLI	Call-Level Interface	调用级接口
CD	Compact Disk	光盘
CC	Challenge Collapsar	挑战黑洞

D

DDoS	Distributed Denial of Service	分布式拒绝服务
DVD	Digital Video Disk	数字化视频光盘
DTD	Document Type Definition	文档类型定义
DOM	Document Object Model	文档对象模型
DIDS	Distributed Intrusion Detection System	分布式入侵检测系统
DQL	Data Query Language	数据查询语言
DHCP	Dynamic Host Configuration Protocol	动态主机配置协议
DNS	Domain Name System	域名系统
DRD	Dynamic Radar Diagram	动态雷达图

E

EBA	Event Behavior Analysis	事件行为分析

F

FTP	File Transfer Protocol	文件传输协议

G

GRC	Governance，Risk Management and Compliance	治理、风险管理和法规遵从

GPS	Global Positioning System	全球定位系统
GLC	Generic Log Collector	事件传感器
H		
HIDS	Host Intrusion Detection System	主机入侵检测系统
HIPAA	Health Insurance Portability and Accountability Act	健康保险便利性和责任法案
HIPS	Host Intrusion Prevent System	主机入侵防御系统
HDFS	Hadoop Distributed File System	Hadoop 生态圈分布式文件系统
HTTP	HyperText Transfer Protocol	超文本传输协议
I		
IPS	Intrusion Protection System	入侵防御系统
IP	Internet Protocol	互联网协议
IDS	Intrusion Detection System	入侵检测系统
ISSA	Information System Security Audit	信息系统安全审计
IT	Information Technology	信息技术
ICMP	Internet Control Message Protocol	因特网控制报文协议
iGPS	incident Global Positioning System	事件全球定位系统
IBM	International Business Machines	国际商业机器
IaaS	Infrastructure as a Service	基础设施即服务
J		
JDBC	Java DataBase Connectivity	Java 数据库连接
M		
MIB	Management Information Base	信息管理库
N		
NIC	Network Interface Card	网络接口卡
NIDS	Network Intrusion Detection Systems	网络入侵检测系统
NMS	Network Management System	网络管理系统
NERC	North American Electric Reliability Corporation	北美电力可靠性公司
NAS	Network Attached Storage	网络附属存储
NFA	Non-deterministic Finite Automata	非确定性有限自动机
NFS	Network File System	网络文件系统
O		
ODBC	Open DataBase Connectivity	开放数据库互联
OTX	Open Threat Exchange	安全威胁交换
P		
PCI DSS	Payment Card Industry Data Security Standard	支付卡行业数据安全标准
PLN	Probability Analysis Network	概率分析网
P2P	Peer-to-Peer networking	对等网络
POSIX	Portable Operating System Interface of UNIX	可移植操作系统接口
R		
RDBMS	Relational DataBase Management System	关系型数据库管理系统
RAID	Redundant Arrays of Independent Disks	磁盘阵列

S

SSH	Secure Shell	安全外壳协议
SOA	Sarbans-Oxley Act	萨班斯-奥克斯利法案
SVM	Support Vector Machine	支持向量机
SIEM	Security Information And Event Management	安全信息及事件管理系统
SAG	SQL Access Group	SQL 访问组
SNM	Sorted Neighborhood Method	近邻排序算法
SAX	Simple APIs for XML	XML 简单应用程序接口
SNMP	Simple Network Management Protocol	简单网络管理协议
SQL	Structured Query Language	结构化查询语言
SIM	Subscriber Identification Module	用户身份识别卡
SSL	Secure Sockets Layer	安全套接层
SOC	Security Operations Center	安全运营中心

T

TCP	Transmission Control Protocol	传输控制协议

U

UTM	Unified Threat Management	统一威胁管理
UDP	User Datagram Protocol	用户数据报协议
URL	Uniform Resource Locator	统一资源定位符

V

VPN	Virtual Private Network	虚拟私人网络

W

WAP	Wireless Access Point	无线接入点
WORM	Write Once Read Many	一写多读

X

XML	Extensive Markup Language	可扩展标识语言
XSL	eXtensible Stylesheet Language	样式表
XSLT	eXtensible Stylesheet Language Transformation	样式表转换

参 考 文 献

[1] 李晨光.UNIX/Linux 网络日志分析与流量监控[M].北京：机械工程出版社,2014.

[2] Anton A Chuvakin,Kevin J Schmidt,Christopher Phillips.日志管理与分析权威指南[M].姚军,简于涵,刘晖,译.北京：机械工程出版社,2014.

[3] 王雯雯.大数据环境下信息系统审计研究[D].蚌埠：安徽财经大学,2014.

[4] 章亮.我国信息系统审计发展的现状、问题及其改进[D].北京：首都经济贸易大学,2014.

[5] 许小明.多源异构日志的数据归并和预处理技术[D].哈尔滨：哈尔滨工程大学,2009.

[6] 林俊宇.基于 XML 的多源日志安全信息集成分析研究[D].哈尔滨：哈尔滨工程大学,2009.

[7] 刘必雄,杨泽明,吴焕,等.基于集群的多源日志综合审计系统[J].计算机应用,2008,28(2)：541-544.

[8] 刘思尧,李斌.基于 ELK 的电力信息监控日志审计系统实现[J].电脑知识与技术：学术交流,2016,12(10X)：61-64.

[9] 陈军军,王函韵,顾莹,等.基于生命周期管理的电网调控日志管理系统[J].湖州师范学院学报,2017(s1)：55-57.

[10] 毕亲波.有线数字电视网络日志全生命周期管理平台的设计与实现[J].中国有线电视,2014(s1)：424-429.

[11] 倪震,李千目,郭雅娟.面向电力大数据日志分析平台的异常监测集成预测算法[J].南京理工大学学报(自然科学版),2017,41(5)：20.

[12] 郭广军,陈代武,胡玉平,等.基于 JDBC 的数据库访问技术的研究[J].南华大学学报(自然科学版),2005,19(2)：50-54.

[13] 付博,赵世奇,刘挺.Web 查询日志研究综述[J].电子学报,2013,41(9)：1800-1808.

[14] 陈健峰,寇从芝.一种日志采集统计系统的设计与实现[J].电脑编程技巧与维护,2017(12)：21-23.

[15] 张迪.基于 NoSQL 的大规模 Web 日志分析系统的设计与实现[D].上海：复旦大学,2013.

[16] 赖特.网络安全设备日志融合技术研究[D].成都：电子科技大学,2015.

[17] 周昕毅.Linux 集群运维平台用户权限管理及日志审计系统实现[D].上海：上海交通大学,2013.

[18] 肖东方.基于 Hadoop 的运维日志采集分析平台的设计与实现[D].济南：山东大学,2016.

[19] 潘晋明,郑纪蛟,曹世和.JDBC-Java 数据库接口及应用[J].计算机工程,1998,24(1)：3-5.

[20] 王世铎.ODBC：结构,性能与调节[J].电脑编程技巧与维护,1995(5)：38-40.

[21] 徐波,熊萍.ODBC 数据库互操作技术综述[J].计算机应用,1998(3)：1-3.

[22] 赖碧云,李小丹,章少强.网络数据库系统开发中 JDBC 的应用[J].现代计算机,2003(1)：76-79.

[23] 朱二喜,徐敏.数据库连接技术 ODBC 和 JDBC 对比分析[J].科技风,2008(9)：98.

[24] 王子靖,钱纯.对日志统一管理的安全审计系统的实现[J].计算机应用与软件,2012,29(3)：287-289.

[25] 蔡超.面向大规模网络的集中安全审计系统关键技术研究[D].贵阳：贵州大学,2005.

[26] 孟祥福.Web 数据库柔性查询关键技术研究[D].沈阳：东北大学,2010.

[27] 王海荣.基于语言变量的 RDF 模糊查询方法研究[D].沈阳：东北大学,2015.

[28] 杨锋英,刘会超.基于 Hadoop 的在线网络日志分析系统研究[J].计算机应用与软件,2014,31(8):311-316.

[29] 赵艳玲.数据存储备份策略及调度研究[D].大庆:大庆石油学院,2008.

[30] 徐路.无线传感器网络容灾数据存储策略研究[D].合肥:合肥工业大学,2012.

[31] 王霞文,刘浩.时序关联规则的挖掘算法研究[J].无线互联科技,2014(12):140.

[32] 肖海林.网络告警关联规则挖掘系统的研究与设计[D].成都:电子科技大学,2007.

[33] 闫斌.网络安全管理系统中告警融合技术的研究设计[D].北京:北京邮电大学,2010.

[34] 王玮,田星,张建军,等.脚本语言在设备告警中的应用[J].空中交通管理,2011(5):42-43.

[35] 臧天宁,云晓春,张永铮,等.网络设备协同联动模型[J].计算机学报,2011,34(2):216-228.

[36] 李记.混合网络下 IPSec 与现有网络设备协同工作的研究[D].重庆:重庆大学,2008.

[37] 姜丹.光传输设备告警信息的查询及应用[J].中国新通信,2014(19):85-86.

[38] 殷跃鹏.基于事件的分布式系统行为分析框架的设计与实现[D].长沙:国防科学技术大学,2010.

[39] 张甲,段海新,葛连升.基于事件序列的蠕虫网络行为分析算法[J].山东大学学报(理学版),2007,42(9):36-40.

[40] 赵凯.近线存储管理在播出系统中的应用[C].中国新闻技术工作者联合会王选新闻科学技术奖和优秀论文奖颁奖大会,2014:88-91.

[41] 万磊.基于虚拟磁盘和在线存储接口的云存储系统设计与实现[D].北京:北京邮电大学,2012.

[42] 安宝宇.云存储中数据完整性保护关键技术研究[D].北京:北京邮电大学,2012.

[43] 肖艳平.数字电视播出系统中的近线存储[J].中国数字电视,2011(10):7-9.

[44] 王山水.海量数据离线存储相关实施标准探讨[J].数字与缩微影像,2014(3):1-3.

[45] 杜琳琳.海量数据离线存储系统研究[J].中国档案,2016(2):62-63.

[46] 陈策明.浅谈近线存储在硬盘播出系统中的应用[J].现代电视技术,2004(8):96-100.

[47] 王兆永.面向大规模批量日志数据存储方法的研究[D].成都:电子科技大学,2011.

[48] 杨永周.分布式存储关键技术及优势分析研究[J].网络安全技术与应用,2017(10):76.

[49] 张庆.基于 Hadoop 的公交物联网海量采集数据的存储平台设计[D].北京:北京工业大学,2016.

[50] 武琢.在线存储系统的设计与实现[D].呼和浩特:内蒙古大学,2015.

[51] 郭洁.近线存储异构播出平台的研究与实现[D].广州:华南理工大学,2011.

[52] 王山水,李昕岑.云计算云存储时代大数据海量离线存储系统研究[C].2014 年全国档案工作者年会,2014.

[53] 张淑英.网络安全事件关联分析与态势评测技术研究[D].长春:吉林大学,2012.

[54] 赵恒.面向键值数据库应用的混合存储系统设计与实现[D].武汉:华中科技大学,2012.

[55] 赵鑫.键值数据库在云计算中的应用与实现[D].成都:电子科技大学,2015.

[56] 肖劲科.非关系型数据库数据恢复技术研究[J].数字技术与应用,2015(1):52.